高职高专"十二五"规划教材

变频器安装、调试与维护

主　编　满海波

副主编　倪小敏　贾　洪

宋立中

北京

冶金工业出版社

2023

内 容 提 要

　　本书以 MM440 变频器为参考机型,按项目教学方式,以 5 个学习情境,共 22 个任务为内容结构,分别介绍了变频器的认识,变频器的选型、安装与接线,变频器的调试与运行,变频器的维护与故障诊断,变频器在工业自动化中的典型应用。

　　本书可作为高等职业技术学院电气自动化技术、机电一体化技术类专业"通用变频器技术"课程的教材,也可作为成人教育、技术培训的教材,还可作为从事变频器安装、调试、运行、维护以及从事变频器、PLC 系统设计开发的工程技术人员的参考书。

图书在版编目(CIP)数据

变频器安装、调试与维护/满海波主编 . —北京:冶金工业出版社, 2015.8(2023.8 重印)

高职高专"十二五"规划教材

ISBN 978-7-5024-6987-0

Ⅰ.①变… Ⅱ.①满… Ⅲ.①变频器—安装—高等职业教育—教材 ②变频器—调试方法—高等职业教育—教材 ③变频器—维修—高等职业教育—教材 Ⅳ.①TN773

中国版本图书馆 CIP 数据核字(2015)第 169608 号

变频器安装、调试与维护

出版发行	冶金工业出版社	电　话	(010)64027926
地　址	北京市东城区嵩祝院北巷 39 号	邮　编	100009
网　址	www.mip1953.com	电子信箱	service@ mip1953.com

责任编辑　俞跃春　于昕蕾　美术编辑　吕欣童　版式设计　葛新霞
责任校对　禹　蕊　责任印制　禹　蕊
北京富资园科技发展有限公司印刷
2015 年 8 月第 1 版,2023 年 8 月第 6 次印刷
787mm×1092mm　1/16;14.25 印张;344 千字;218 页
定价 36.00 元

投稿电话　(010)64027932　投稿信箱　tougao@cnmip.com.cn
营销中心电话　(010)64044283
冶金工业出版社天猫旗舰店　yjgycbs.tmall.com
(本书如有印装质量问题,本社营销中心负责退换)

前　言

变频器是应用变频技术与微电子技术，通过调整输出电源的电压和频率来控制交流电动机的电力控制设备。变频器可根据电机的实际需要来提供其所需要的变频电源，从而达到节能、调整的目的。

变频器以其高可靠性、低维护性、完善的性能、优越的节能指标，以及体积小、成本低等优势，逐步取代直流调整传动系统。变频技术是有效提高自动化生产线控制水平及机电一体化设备装备水平的重要手段，同时具有良好的节能效果。目前，变频器已经广泛应用于冶金、矿山、造纸、化工、建材、机械、电力、建筑系统等所有工业传动领域以及部分家用电器的节能调速领域，具有良好的市场应用前景。

本书以变频器控制技术的主要知识、技能为主线，讲解了变频器的基础理论，变频器的选型、安装、接线、调试、维护与故障诊断（以目前广泛应用的西门子 MM440 变频器为主），同时还列举了部分工程应用案例。本书坚持科学性、实用性、综合性和新颖性相结合的原则，力求贴近生产实际，突出应用能力的培养，具有较高的可操作性和实用价值。

本书通过学习情境和任务栏目的设计，突出教学的互动性，启发学生自主学习，在内容的选择和组织上，坚持以能力为本位，重视实践技能的培养。全书共分 5 个学习情境：情境 1 变频器的认识，由倪小敏老师编写；情境 2 变频器的选型、安装与接线，由贾洪、黄宁老师编写；情境 3 变频器的调试与运行，由满海波老师编写；情境 4 变频器的维护与故障诊断，由徐敏老师编写；情境 5 变频器在工业自动化中的典型应用，由宋立中、李淑芬、罗军、陈勇、刘颜老师编写。本书由满海波老师任主编，负责全书的内容结构安排、工作协调及统稿工作，倪小敏、贾洪、宋立中老师任副主编。此外，刘自彩、罗付华高级工程师在本书的实际案例及内容选编上提出了许多宝贵的意见和建议，谨在此表示衷心的感谢！

本书可作为高等职业技术学院电气自动化技术、机电一体化技术类专业

"通用变频器技术"课程的教材，也可作为成人教育、技术培训的教材，还可供相关专业的工程技术人员参考。

　　由于作者水平有限，书中难免有疏漏及不妥之处，恳请广大读者批评指正。

　　　　　　　　　　　　　　　　　　　　　　　　　　　　作　者
　　　　　　　　　　　　　　　　　　　　　　　　2015 年 5 月于攀枝花

目　录

学习情境 1　变频器的认识

【知识要点】

知识目标：

(1) 知道交流调速的发展过程与分类；

(2) 知道电力电子器件及其在变频器中的应用；

(3) 掌握变频器的结构与工作原理；

(4) 掌握变频器的负载特性及基本控制方法；

(5) 掌握电气制动的种类及特点；

(6) 掌握三相正弦波脉宽调制 SPWM 的控制原理及实现方法。

能力目标：

(1) 会 MM4 系列变频器能耗制动、直流制动参数设置及调试；

(2) 会三相正弦波脉宽调制 SPWM 的实验调试。

任务 1.1　变频器的发展、分类

【任务要点】

(1) 交流调速及变频器的发展。

(2) 变频器的分类。

(3) 变频器在现代调速控制中的地位及在各类调速类负载中的广泛应用。

1.1.1　任务描述与分析

1.1.1.1　任务描述

变频器自问世以来经历几十年的发展及应用，已逐步被人们接受并成为当代电机调速控制的主流。变频器的发展也随着电力电子技术及器件、控制理论等相关技术和理论的发展不断成熟。

1.1.1.2　任务分析

本任务介绍交流调速的优势及变频器的发展历程，介绍变频器的各种类型及特点，以实际的应用案例介绍变频器在现代工业控制中的应用。弄清变频器相关电力电子器件的结构、原理、特性及驱动。

1.1.2　相关知识

1.1.2.1　交流调速传动概述

由于直流电动机具有调速范围广，启动、制动转矩大，易于控制，调速系统具有良好的动态、静态性能指标，因此，自交、直流电动机在 19 世纪先后诞生以来，在调速传动领域很长的一段发展过程中，尤其是要求有较好调速性能的场合都是由直流调速系统占统治地位。而交流电动机主要用于恒速传动系统，或对调速性能要求不高的调速传动系统中。

但在结构上，由于直流电动机的机械式换向器限制了直流电动机调速系统的发展。概括起来直流电动机的缺陷主要体现在以下几方面：

（1）结构复杂，事故率高；

（2）消耗有色金属多，造价昂贵，运行时换向器需要经常维修，寿命也较短；

（3）由于换向困难，使直流电机的容量受到限制，不能做得很大，目前极限容量也不过 1 万千瓦左右。

随着工业技术的发展，直流调速已经越来越不能满足现代工业对调速的要求了，因此直流调速系统几乎没有发展空间了。

而与直流电动机相比，交流电动机，尤其是交流鼠笼式异步电动机结构简单、坚固耐用、事故率低、容易维护、造价低，而且可以在十分恶劣的条件下使用，在电压、电流、容量的上限也比直流电动机具有更大的发展空间。

交流电动机的优点主要体现在以下几方面：

（1）结构坚固，工作可靠，易于维护保养；

（2）不存在换向火花，可以应用于存在易燃易爆气体的恶劣环境；

（3）容易制造出大容量、高转速和高电压的交流电动机。

因此，很久以来，人们希望在许多场合下能够用可调速的交流电动机来代替直流电动机，并在交流电动机的调速控制方面进行了大量的研究开发工作。但是，直至 20 世纪 70 年代，交流调速系统的研究一直未能得到真正能够令人满意的成果，也因此限制了交流调速系统的推广应用。也正是因为这个原因，在工业生产中大量使用的诸如风机、水泵等需要进行调速控制的电力拖动系统中不得不采用挡板和阀门来调节风速和流量。这种做法不但增加了系统的复杂性，也造成了能源的浪费。

经历了 20 世纪 70 年代中期的第 2 次石油危机之后，人们充分认识到了节能工作的重要性，并进一步重视和加强了对交流调速技术的研究工作，随着同时期内电力电子技术的发展，作为交流调速系统中心的变频器技术也得到了显著的发展，并逐渐进入了实用阶段。

虽然发展变频驱动技术最初的目的主要是为了节能，但是随着电力电子技术、微电子技术和控制理论的发展，电力半导体器件和微处理器的性能不断提高，变频驱动技术也得到了显著的发展。随着各种复杂控制技术在变频器技术中的应用，变频器的性能不断得到提高，而且应用范围也越来越广。目前变频器不但在传统的电力拖动系统中得到了广泛的应用，而且几乎已经扩展到了工业生产的所有领域，并且在空调、洗衣机、电冰箱等家电产品中得到了广泛应用。

1.1.2.2　变频器的发展

由异步电动机的转速公式 $n = \dfrac{60f(1-s)}{p} = n_0(1-s)$ 可知，只要改变定子侧的电源频率，就可以改变异步电动机的转速，这是由异步电动机的原理决定的，也是异步电动机"与生俱来"的。然而，异步电动机诞生于 19 世纪 80 年代，而变频调速技术发展到迅速普及的实用阶段，却是在 20 世纪 80 年代以后。从目前迅速普及的"交—直—交"变频器的基本结构来看，"交—直"（由交流变直流）的技术很早就解决了，而"直—交"的逆变过程实际是不同组合的开关交替地接通和关断的过程，它必须依赖于满足一定条件的开关器件，而逆变器对开关器件的依赖性制约了变频器的发展。因此变频技术的发展主要取决于以下几个方面的技术。

A　电力电子器件的发展

从 1956 年普通晶闸管的问世到 20 世纪 80 年代以前，以晶闸管为核心的交—交变频电路广泛的变频技术是建立在电力电子技术基础之上的。在变频器中，功率器件必须要满足一定的条件，这些条件是：

（1）能承受足够大的电压和电流；

（2）允许长时间频繁地接通和关断；

（3）接通和关断的控制十分方便。

20 世纪 50 年代出现了晶闸管（SCR），60 年代出现了门极可关断晶闸管（GTO），直到 20 世纪 70 年代，电力晶体管（GTR 或 BJT）的开发成功，才能够满足上述条件，从而为变频技术的开发、发展和普及奠定了物质基础。

20 世纪 80 年代中期，又进一步成功开发了绝缘栅双极型晶体管（IGBT），其工作频率比 GTR 提高了 1 个数量级，90 年代出现了智能功率模块 IPM（Intelligent Power Module）。器件的更新促使电力电子变流技术不断发展，只要电力电子器件有了新的飞跃，变频器就一定有一个新的飞跃，从而使变频调速技术又向前迈进了一步。目前，变频器上应用最多的开关功率器件有 GT0、GTR、IGBT 以及智能模块 IPM。后面两种集 GTR 的低饱和电压特性和 MOSFET 的高频开关特性于一体，是目前通用变频器中最广泛使用的主流功率器件。IGBT 的发展经历了四代，1992 年前后开始在通用变频器中得到广泛应用。而 IPM 的投入应用比 IGBT 约晚两年，由于 IPM 包含了 IGBT 芯片及外围的驱动和保护电路，甚至有的还把光耦也集成于一体，因此是一种更为好用的集成型功率器件，目前，在模块额定电流 10~600A 范围内，通用变频器均有采用 IPM 的趋向，其优点是：

（1）开关速度快，驱动电流小，控制驱动更为简单。

（2）内含电流传感器，可以高效迅速地检测出过电流和短路电流，能对功率芯片给予足够的保护，故障率大大降低。

（3）由于在器件内部电源电路和驱动电路的配线设计上做到优化，所以浪涌电压、门极振荡、噪声引起的干扰等问题能有效地得到控制。

（4）保护功能较为丰富，如电流保护、电压保护、温度保护一应俱全，随着技术的进步，保护功能将日臻完善。

（5）IPM 的售价已逐渐接近 IGBT。采用 IPM 后，变频器的开关电源容量、驱动功率容量的减小和器件的节省以及综合性能的提高等因素使得在许多场合 IPM 性价比已超过 IGBT，有很好的经济性。

B　控制方式的发展

早期通用变频器大多数为开环恒压频比（U/f = 常数）的控制方式。最大优点是系统结构简单，成本低，可以满足一般平滑调速的要求。缺点是系统的静态及动态性能不高。对变频器 U/f 控制系统的改造主要经历了三个阶段。

第一阶段：20 世纪 80 年代初日本学者提出了基本磁通轨迹的电压空间矢量（或称磁通轨迹法），这种方法被称为电压空间矢量控制。典型机种如 1989 年前后进入中国市场的 FUJI（富士）FRN5000G5/P5、SANKEN（三垦）MF 系列等。三菱、日立、东芝也都有类似的产品。然而，由于未引入转矩调节，系统性能没有得到根本性的改善。

第二阶段：矢量控制。它是 20 世纪 70 年代初由西德 F. Blasschke 等人首先提出的。其原理是仿照直流电动机的控制方式，利用坐标变换的手段，把交流电动机定子电流分解为磁场分量电流（相当于励磁电流）和转矩分量电流（相当于负载电流）分别加以控制，并同时控制两分量间的幅值和相位，即控制定子电流矢量。由此开创了交流电动机等效直流电动机控制的先河。它使人们看到交流电动机尽管控制复杂，但同样可以实现转矩、磁场独立控制的内在本质。矢量控制技术在努力融入通用型变频器中，从 1992 年开始，德国西门子开发了 6SE70 通用型系列，可以实现频率控制、矢量控制、伺服控制。1994 年将该系列扩展至 315kW 以上。目前，6SE70 系列除了 200kW 以下价格较高，在 200kW 以上有很高的性价比。

第三阶段：1985 年德国鲁尔大学 Depenbrock 教授首先提出直接转矩控制理论（Direct Torque Control，DTC）。直接转矩控制与矢量控制不同，它不是通过控制电流、磁链等量来间接控制转矩的，而是把转矩直接作为被控量来控制。这种系统可以实现很快的转矩响应速度和很高的速度、转矩控制精度。1995 年 ABB 公司首先推出的 ACS600 直接转矩控制系列变频器精度可以达到 ±0.01%。

控制技术的发展完全得益于微处理机技术的发展，自从 1991 年 Intel 公司推出 8X196MC 系列以来，专门用于电动机控制的芯片在品种、速度、功能、性价比等方面都有很大的发展。如日本三菱电机开发用于电动机控制的 M37705、M7906 单片机和美国德州仪器的 TMS320C240DSP 等都是颇具代表性的产品。

C　主电路拓扑结构的发展

基于双 PWM 技术的交—直—交变频器和矩阵式变频器是低压变频技术的最新发展趋势。双 PWM 控制技术采用 PWM 技术分别控制变频器的整流和逆变，打破了过去变频器的统一结构，成为变频器技术的最新发展状态。目前，双 PWM 控制技术已经在交—直—交变频器中应用。其主要优点是：输出电压和输出电流的低次谐波含量都较小；输入功率因数可调；输出频率不受限制；能量可双向流动，以获得四象限运行。另外，矩阵式变频器除了具有上述优点外，还可省去中间直流环节的大电容元件。随着双向开关的电力半导体器件性能的不断提高和价格的不断下降，这种结构会得到广泛的推广和应用。总的来说，低压变频技术正朝着高性能化、高频化、大容量方向发展。

D 变频器未来的发展方向

交流变频调速技术是强弱电混合的综合性技术，既要处理巨大电能的转换（整流、逆变），又要处理信息的收集、变换和传输，因此它的共性技术必定分成功率和控制两大部分。前者要解决与高压大电流有关的技术问题和新型电力电子器件的应用技术问题，后者要解决基于现代控制理论的控制策略和智能控制策略的硬件、软件开发问题。

其主要发展方向是：

（1）主控一体化。

1）主控一体化的主要措施是把功率元件、保护元件、驱动元件、检测元件进行大规模的集成，变为一个 IPM 的智能电力模块，其体积小、可靠性高、价格低。

2）高频化主要是开发高性能的 IGBT 产品，提高其开关频率。目前开关频率已提高到 10~15kHz。基本上消除了电动机运行时的噪声。

3）提高效率的主要办法是减少开关元件的发热损耗，通过降低 IGBT 的集电极-射极间的饱和电压来实现，其次，用可控二极管整流采取各种措施设法使功率因数增加到 1。

（2）数字化。微处理器的进步使数字控制成为现代控制器的发展方向。运动控制系统是快速系统，特别是交流电动机高性能的控制需要存储多种数据和快速实时处理大量信息。近几年来，国外各大公司纷纷推出以 DSP（数字信号处理器）为基础的内核，配以电动机控制所需的外围功能电路，集成在单一芯片内的称为 DSP 单片电机控制器，价格大大降低，体积缩小，结构紧凑，使用便捷，可靠性提高。DSP 和普通的单片机相比，处理数字运算能力增强 10~15 倍，可确保系统有更优越的控制性能。数字控制使硬件简化，柔性的控制算法使控制具有很大的灵活性，可实现复杂的控制规律，使现代控制理论在运动控制系统中应用成为现实，易于与上层系统连接进行数据传输，便于故障诊断、加强保护和监视功能，使系统智能化（如有些变频器具有自调整功能）。

（3）多功能化和高性能化。多功能化和高性能化电力电子器件和控制技术的不断进步，使变频器向多功能化和高性能化方向发展。特别是微机的应用，以其简单的硬件结构和丰富的软件功能，为变频器多功能化和高性能化提供了可靠的保证。

人们总结了交流调速电气传动控制的大量实践经验，并不断融入软件功能，日益丰富的软件功能使通用变频器的适应性不断增强，如瞬时停电、短时过载情况下的平稳恢复功能防止了不必要的跳闸，保证了运行的连续性，这对某些不允许停车的生产工艺十分有意义；控制指令和控制参数的设定，可由触摸式面板实现，不但灵活方便，而且实现了模拟控制方式所无法实现的功能，比如多段速设定、S 形加减速和自动加减速控制等；故障显示和记忆功能，使故障的分析和设备的维修变得既准确又快速；灵活的通信功能，方便了与 PLC 或上位计算机的接口，很容易实现闭环控制等。可以这样说，通用变频器的多功能化和高性能化为用户提供了一种可能：可以把原有生产机械的工艺水平"升级"，达到以往无法达到的境界，使其变成一种具有高度软件控制功能的新机种。

8 位 CPU、16 位 CPU 奠定了通用变频器全数字控制的基础。32 位数字信号处理器（Digital Sigal Processer，DSP）的应用将通用变频器的性能提高了一大步，实现了转矩控制，推出了"无跳闸"功能。目前，最新型变频器开始采用新的精简指令集计算机（Reduced Instruction Set Computer，RISC），将指令执行时间缩短到纳秒级。正是全数字控制技术的实现，并且运算速度不断提高，使得通用变频器的性能不断提高，功能不断增加。

（4）小型化。紧凑型变频器要求功率和控制元件具有高的集成度，其中包括智能化的功率模块、紧凑型的光耦合器、高频率的开关电源，以及采用新型电工材料制造的小体积变压器、电抗器和电容器。功率器件冷却方式的改变（如水冷、蒸发冷却和热管）对缩小装置的尺寸也很有效。ABB 公司将小型变频器定型向全球发布的全新概念是，小功率变频器应当像接触器、软启动器等电器元件一样使用简单，安装方便，安全可靠。

（5）系统化。通用变频器除了发展单机的数字化、智能化、多功能化外，还向集成化、系统化方向发展。如西门子公司提出的集通信、设计和数据管理三者于一体的"全集成自动化（TIA）"平台概念，可以使变频器、伺服装置、控制器及通信装置等集成配置，甚至自动化和驱动系统、通信和数据管理系统都可以像驱动装置通常嵌入"全集成自动化"系统那样进行，目的是为用户提供最佳的系统功能。

（6）网络化。新型通用变频器可提供多种兼容的通信接口，支持多种不同的通信协议，内装 RS485 接口，可由个人计算机通过变频器专用软件向通用变频器输入运行命令和设定功能码数据等，通过选件可与现场总线：Profibus-DP、Interbus-S、Device Net、Modbus、Plus、CC-Link、Ethernet、CAN、Open、T-LINK 等通信。如西门子、VACON、富士、日立、三菱等品牌的通用变频器，均可通过各自可提供的选件支持上述几种或全部类型的现场总线。

（7）绿色化。新型通用变频器除了采用高频载波方式的正弦波 SPWM 调制实现静音化外，还在通用变频器输入侧加交流电抗器或有源功率因数校正电路 APFC，而在逆变电路中采取 Soft-PWM 控制技术等，以改善输入电流波形、降低电网谐波，在抗干扰和抑制高次谐波方面符合 EMC（电磁兼容性）国际标准，实现所谓的清洁电能的变换。如三菱公司的柔性 PWM 控制技术，实现了更低噪声运行。

1.1.2.3　变频器中的电力电子器件

电力电子器件（Power Electronic Device）是指在电能变换与控制的电路中，实现电能的变换或控制的电子器件。电力电子器件有真空器件和半导体器件两大类。但是，自从晶闸管等新型半导体电力电子器件问世以来，除了在频率很高的大功率高频电源中还使用真空管外，在其他电能变换和控制领域中几乎全部由基于半导体材料的各种电力电子器件所取代，成为电能变换和控制领域的绝对主力。

电力电子技术是现代电子学的重要分支，是一门研究如何利用电力电子器件对电能进行控制、变换和传输的学科。电力电子器件是电力电子技术的物质基础和技术关键。通用变频器日新月异的发展，离不开电力电子器件性能的提高和门类的更新。历史上，自关断器件功率晶体管的实用化，曾为变频器的通用化铺平了道路。通用变频器的高性能化、大容量化的进程中，电力电子器件功不可没。

电力电子器件，即通常所说的电力半导体器件，种类繁多，总体上，可以从三个角度出发对其进行分类，如图 1-1 所示。

根据器件的不同，开关特性可分为两大类型：半控型器件和全控型器件。图 1-1 中普通晶闸管（SCR）及其派生器件为半控型器件，其余三端器件均为全控型器件。

根据半导体器件内部电子和空穴两种载流子参与导电的情况，众多的电力电子器件可分成单极性、双极性和混合型三种类型。凡由一种载流子参与导电的称为单极型器件，凡

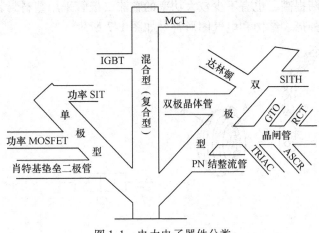

图 1-1　电力电子器件分类

电子和空穴两种载流子都参与导电的称为双极型器件，由单极型和双极型两种器件组成的复合器件称为混合型器件。

根据控制极（包括门极、栅极或基极）信号的不同性质，电力电子器件还被分成电流控制型和电压控制型两种类型。电流控制型器件一般通过从控制极注入或抽出控制电流的方式来实现对导通或关断的控制；而电压控制型器件是指利用场控原理控制的电力电子器件，其导通或关断是由控制极上的电压信号控制的，控制极电流极小。

单极型器件，具有控制功率小、驱动电路相对简单、工作频率高、无二次击穿问题、安全工作区宽等显著特点，其缺点是通态压降大、导通损耗大。

双极型器件，具有通态压降小、导通损耗小的显著特点，多数属于电流控制型，其缺点是控制功率大、驱动电路较复杂、工作频率较低、有二次击穿问题等。

混合型器件又称为复合型器件，是人们在比较单极型和双极型的优缺点后，基于两者互为短长的事实取两者所长而制成的一类新型器件。利用双极型器件作为它的输出级，而利用单极型器件作为它的输入级，所得到的复合器件发扬了两者的优点，摒弃了两者的缺点，成为一代新型的场控复合器件。其典型代表就是 IGBT 和 MCT。目前，IGBT 基本已取代 BJT，成为一种应用前景十分广阔的场控电力电子器件。

下面主要介绍变频器中常用的电力电子器件。

A　整流二极管

整流二极管又称普通二极管（General Purpose Diode），整流二极管的作用是利用其单向导电性，将交流电变成脉动直流电。多用于开关频率不高（1kHz 以下）的整流电路中。其反向恢复时间较长，一般在 5s 以上，正向电流定额和反向电压定额可以达到很高，分别可达数千安和数千伏以上。在交—直—交变频器中通常担任将交流变换为直流的整流工作。

整流二极管正向工作电流较大，工艺上多采用面接触结构。由于这种结构的二极管结电容较大，因此整流二极管工作频率一般小于 3kHz。整流二极管主要有全密封金属结构封装和塑料封装两种封装形式。通常情况下额定正向工作电流 I_F 在 1A 以上的整流二极管采用金属壳封装，以利于散热；额定正向工作电流在 1A 以下的采用全塑料封装。另外，由于工艺技术的不断提高，也有不少较大功率的整流二极管采用塑料封装。

整流二极管的外形、结构和电气图形符号如图 1-2 所示。

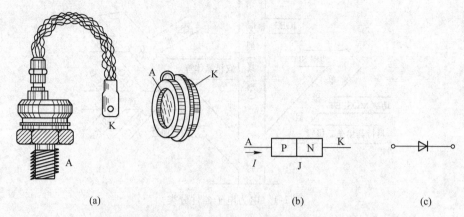

(a)　　　　　　　　　　　　　　(b)　　　　　　　　　　(c)

图 1-2　整流二极管的外形、结构和电气图形符号

(a) 外形；(b) 结构；(c) 电气图形符号

a　伏安特性

整流二极管的阳极和阴极间的电压和流过管子的电流之间的关系称为伏安特性，其伏安特性曲线如图 1-3 所示。

正向特性：当从零逐渐增大正向电压时，开始阳极电流很小，当正向电压大于 0.5V 时，正向阳极电流急剧上升，管子正向导通。

反向特性：当二极管加上反向电压时，起始段的反向漏电流也很小，而且随着反向电压增加，反向漏电流只略有增大，但当反向电压增加到反向不重复峰值电压值时，反向漏电流开始急剧增加。

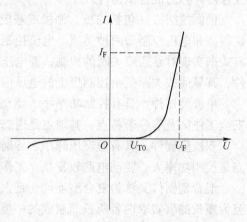

图 1-3　整流二极管的伏安特性曲线

b　主要参数

额定正向平均电流 I_F：在规定的环境温度和标准散热条件下，元件所允许长时间连续流过 50Hz 正弦半波的电流平均值。

反向重复峰值电压 U_{RRM}：在额定结温条件下，取元件反向伏安特性不重复峰值电压值 U_{RSM} 的 80% 称为反向重复峰值电压 U_{RRM}。

正向平均电压 U_F：在规定环境温度和标准散热条件下，元件通过 50Hz 正弦半波额定正向平均电流时，元件阳极和阴极之间的电压的平均值。

B　双极晶体管 GTR（BJT）

a　GTR（BJT）的发展

作为大功率的开关器件，高击穿电压、大容量的双极晶体管称为电力晶体管。欧美国家习惯于用 BJT（Bipolar Junction Transistor）来代表电力晶体管，而在我国和日本等国家习惯于用 GTR（Giant Transistor）来代表电力晶体管。BJT 的开发大约从 1974 年开始。

电力晶体管基本有三种类型。一种是最先发展的单管非隔离型 BJT，另一种是非隔离型达林顿电力晶体管，最后一种是通用变频器中普遍使用的模块型电力晶体管。电力晶体管在一个模块的内部有一单元结构、二单元结构、四单元结构和六单元结构。所谓一单元结构就是在一个模块内有一个电力晶体管和一个续流二极管反向并联。二单元结构（又称半桥结构）是两个一单元串联做在一个模块内，构成一个桥臂。四单元结构（又称全桥结构）是由两个二单元组成，可以构成单相桥式电路。而六单元结构（又称三相桥结构）是由三个二单元并联，构成三相桥式电路。不同单元的简化结构如图 1-4 所示。

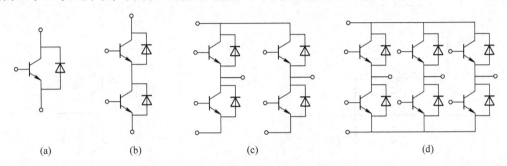

图 1-4　模块化 BJT 的内部简化结构

（a）一单元模块；（b）二单元模块；（c）四单元模块；（d）六单元模块

进入 20 世纪 90 年代，BJT 在电压和电流方面的发展不大，原因是多方面的，其一是 BJT 对电压比较敏感，受工艺和结构限制，很难做到更高耐压；其二是新型器件 IGBT 的发展也正在替代着 BJT。

b　BJT 的驱动

基极驱动信号对 BJT 的正常运行起着极其重要的作用，基极驱动信号包括正向偏置基极电流 I_{B1}、反向偏置基极电流 I_{B2} 和电流上升率等。增加 I_{B1} 和 I_{B2}，或减少 I_{B1} 和 I_{B2}，都是有利也有弊，图 1-5 示出改变 I_{B1} 和 I_{B2} 大小时的利弊关系。

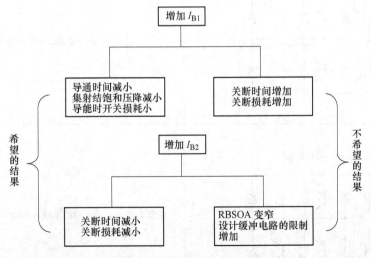

图 1-5　I_{B1} 和 I_{B2} 增加时的利弊

可见，BJT 器件的特性随基极驱动条件而变化。为了减少开关损耗，综合图 1-5 的优缺点，可以采用图 1-6 所示的基极驱动电流波形。

　　c　BJT 的保护

　　（1）过电压保护。20 世纪 80 年代初期，由 BJT 构成的通用变频器，都采用由电容、电阻构成的缓冲电路与 BJT 并联，来抑制管子关断时可能产生的过电压。但是到了 20 世纪 80 年代末，随着技术的进步，BJT 的可承受能力进一步提高，波形进一步改善等，缓冲电路已经不是必需的，去掉缓冲电路使变频器的体积更小，可靠性更高。

　　直流回路的过电压保护如图 1-7 所示。

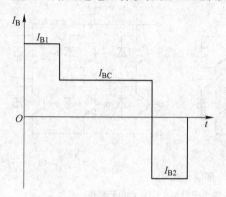

图 1-6　基极驱动电流波形

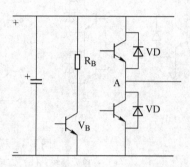

图 1-7　直流回路的过电压保护

　　（2）过电流保护。导致过电流的原因有许多，表 1-1 列出了 BJT 在通用变频器中的过电流现象及产生原因。

表 1-1　变频器的过流原因

短 路 通 道	原 因
分路短路 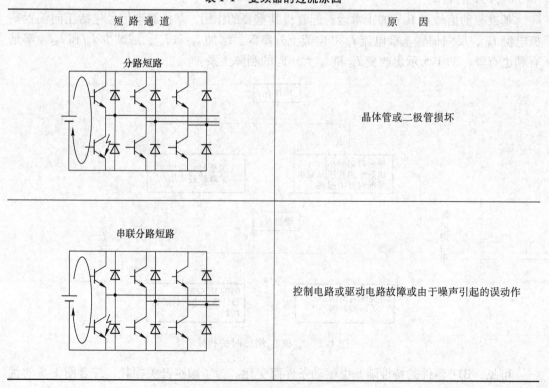	晶体管或二极管损坏
串联分路短路	控制电路或驱动电路故障或由于噪声引起的误动作

续表1-1

短　路　通　道	原　　因
输出短路 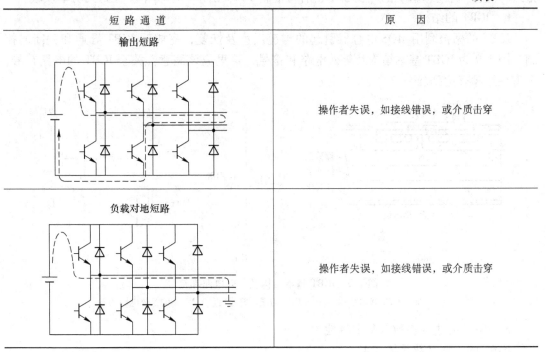	操作者失误，如接线错误，或介质击穿
负载对地短路	操作者失误，如接线错误，或介质击穿

过电流保护电路如图1-8所示。

C　绝缘栅双极型晶体管（IGBT）

绝缘栅双极型晶体管 IGBT 综合了 MOS 场效应晶体管（MOSFET）和双极晶体管（BJT）的特点。IGBT 栅极输入高阻抗，是场控器件，这一点是 MOSFET 的特性；另外，IGBT 的输出特性饱和压降低，这一点是 BJT 的特性。目前，IGBT 的容量已经达到 BJT 的水平，而且它的驱动简单、保护容易、不用缓冲电路、开关频率高，这些都使 IGBT 变频器比 BJT 变频器有更大的吸引力。

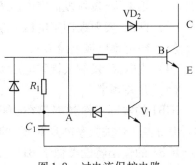

图1-8　过电流保护电路

a　IGBT 产品介绍

IGBT 自 20 世纪 80 年代后期投入市场以来，产品已经系列化、模块化，容量不断提高。

以西门子公司的产品为例，已经有 600V、1200V、1700V 和 3300V 四个电压等级的系列产品。

一单元模块：1200V 的达到 2400A；1700V 的达到 1800A；3300V 的达到 1200A。

二单元模块：1200V 的达到 800A；1700V 的达到 600A；3300V 的达到 400A（样品）。

六单元模块：1200V 的达到 100A，研制水平达到 400A；1700V 的达到 75A，研制水平达到 300A。

目前，一单元模块最高水平已达到 4000V、1800A。ABB 公司已经开发出 5000V 的 IGBT。1994 年日本开始开发平板形 IGBT。到 1998 年已经达到 2500V、1000A 的水平，据报道，这种平板形 IGBT 的开发成功，有可能将 IGBT 由中、小功率扩大到大功率领域。

　　b　IGBT 的结构

　　IGBT 的栅极利用 MOS 电容器引起的沟道反型及恢复，完成对 IGBT 导通和关断的控制。图 1-9 为 IGBT 基本结构及等效电路和符号，这里应该注意，关于 IGBT 的电路符号，全世界还没有达到统一。

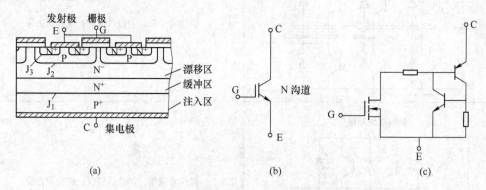

图 1-9　IGBT 基本结构及等效电路和符号

(a) IGBT 基本结构；(b) IGBT 的图形符号；(c) IGBT 的等效电路

　　c　IGBT 的主要参数与基本特性

　　IGBT 的主要参数具体如下：

　　(1) 集电极-发射极额定电压 U_{CES}；

　　(2) 栅极-发射极额定电压 U_{GES}；

　　(3) 额定集电极电流 I_C；

　　(4) 集电极-发射极饱和电压 $U_{CE(sat)}$；

　　(5) 开关频率。

　　IGBT 的实际工作频率都在 100kHz 以下，即使这样，它的开关频率、动作速度也比 BJT 快得多。开关频率高是 IGBT 的一个重要优点。

　　IGBT 的输出特性类似于 BJT。图 1-10 (a) 是 2MB1100-060 在模块壳温 T_C 为 25℃ 时的输出特性。由图可见，栅极-发射极电压越低时，IGBT 的饱和导通压降越高，损耗越大，因此栅极控制电压 U_{GE} 应该在 15~20V 之间。此外，IGBT 的输出特性还与温度有关，温度升高时，集电极-发射极饱和压降也随着升高。2MB1100-060 的安全工作区如图 1-10 (b) 所示。

　　d　使用 IGBT 时注意事项

　　具体如下：

　　(1) 一般 IGBT 的正向驱动电压 U_{GE} 应该保持在 15~20V。

　　(2) 使 IGBT 关断的栅极驱动电压 $-U_{GE}$ 应大于 5V。

　　(3) 使用 IGBT 时，应该在栅极和驱动信号之间加一个栅极驱动电阻 R_G，可以在 IGBT 的使用手册中查到推荐的电阻值。如果不加这个电阻，当管子导通瞬间，可能产生电流和电压颤动，会增加开关损耗。

　　(4) 当设备发生短路时，I_C 会急剧上升，为了保护管子，在栅极-发射极间加稳压二极管，钳制 G-E 电压的突然上升。

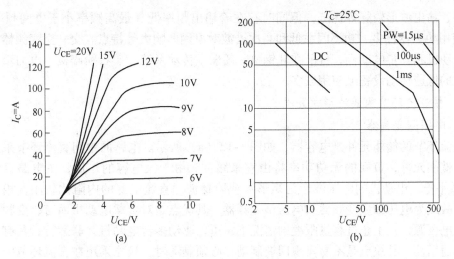

图 1-10　2MB1100-060 的输出特性和安全工作区

（a）2MB1100-060 的输出特性；（b）2MB1100-060 的安全工作区

e　IGBT 的驱动

IGBT 正日益广泛地应用于小体积、低噪声、高性能的电源、通用变频器和电动机速度控制、伺服控制、不间断电源（UPS）、电焊机等，针对 IGBT 的所有优点而开发出专用驱动模块。

目前，国内市场应用最多的 IGBT 驱动模块是日本富士公司开发的 EXB 系列，它包括标准型和高速型。标准型的驱动电路信号延迟最大 4μs，高速型的驱动电路信号延迟最大为 1.5μs。

1.1.2.4　变频器的分类

变频器的种类很多，其分类方法也有很多种。

A　按交流环节分类

a　交—直—交变频器

交—直—交变频器是指先把频率固定的交流电整流成直流电，再把直流电逆变成频率连续可调的交流电。由于把直流电逆变成交流电的环节较易控制。因此，其在频率的调节范围以及改善变频后电动机的特性等方面，都有明显优势，是目前广泛采用的变频方式，图 1-11 为交—直—交变频器主电路组成结构。

图 1-11　交—直—交变频器主电路组成结构

b　交—交变频器

交—交变频器是指把电网固定频率的交流电功率直接转换成频率可调的交流功率（转换前后的相数相同），通常由三相反并联晶闸管可逆桥式变流器组成，它具有过载能力强、效率高、输出波形较好等优点，但同时存在着输出频率低（最高频率小于电网频率的1/2）、使用功率器件多、功率因数低和高次谐波对电网影响大等特点。交—交变频器可驱动同步电动机和异步电动机，目前在轧钢机、船舶主传动系统、矿石粉碎机、电力牵引等容量较大的低速传动设备上使用较多。

B　按直流环节的滤波形式分类

a　电压型变频器

直流环节的储能元件是电容器，如图 1-12（a）所示。电路的中间直流环节采用大电容作为储能元件，负载的无功功率将由它来缓冲。由于大电容的作用，主电路直流电压 U_d 比较平稳，电动机的电压波形为矩形波或阶梯波。直流电源的内阻比较小，相当于电压源，故成为电压源型变频器或电压型变频器。其优点是对负载电动机而言，变频器是一个交流电压源，在不超过容量限度的情况下，可以驱动多台电动机并联运行，具有不选择负载的通用性。其缺点是不易实现回馈制动，必须制动时，只能采用在直流环节中并联电阻的能耗制动或者采用可逆变流器；调速系统动态响应比较慢。

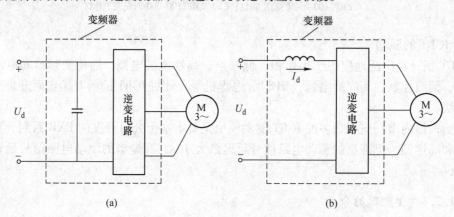

图 1-12　电压型变频器和电流型变频器

（a）电压型变频器；（b）电流型变频器

b　电流型变频器

直流环节的储能元件是电感线圈，如图 1-12（b）所示。电路的中间直流环节采用大电感作为储能环节，负载的无功功率将由它来缓冲。由于电感的作用，直流电流 I_d 趋于平稳，电动机的电流波形为矩形波或阶梯波，电压波形接近于正弦波。直流电源的内阻较大，近似于直流源，故称为电流源型变频器或电流型变频器。其优点是容易实现回馈制动，便于四象限运行；直流电压可以迅速改变，调速系统动态响应快。因此电流型变频器可用于频繁加减速的大容量电动机的传动。在大容量风机、泵类节能调速中也有应用。

C　按控制方式分类

a　电压频率比控制变频器

电压频率比 U/f 控制是为了得到理想的转矩-速度特性，基于在改变电源频率进行调速的同时，又要保证电动机的磁通不变的思想而提出的，通用型变频器基本上都采用这种控制方式。U/f 控制变频器结构非常简单，无速度传感器为速度开环控制，负载可以是通用标准异步电动机，所以通用性强，经济性好。但开环控制方式不能达到较高的控制性能，而且在低频时必须进行转矩补偿，以改变低频转矩特性，故常用于速度精度要求不十分严格或负载变动较小的场合。

　　b　转差频率控制变频器

　　转差频率控制方式是对 U/f 控制的一种改进，这种控制需要由安装在电动机上的速度传感器检测出电动机的转速，构成速度闭环，速度调节器的输出为转差频率，而变频器的输出频率则由电动机的实际转速与所需转差频率之和决定。由于通过控制转差频率来控制转矩和电流，与 U/f 控制相比，其加减速特性和限制过电流的能力得到提高。但在控制系统中需要安装速度传感器求取转差角频率，有时还需要加电流反馈，要针对具体电动机的机械特性调整控制参数，因而这种控制方式的通用性较差。

　　c　矢量控制变频器

　　矢量控制是一种高性能的异步电动机控制方式，是通过矢量坐标电路控制电动机定子电流的大小和相位，以便对电动机的励磁电流和转矩电流进行控制，进而达到控制电动机转矩的目的。它的基本原理是将异步电动机的定子电流分为产生磁场的电流分量（励磁电流）和与其垂直的产生转矩的电流分量（转矩电流），并分别加以控制。由于在这种控制方式中必须同时控制异步电动机定子电流的幅值和相位，即控制定子电流的矢量，因此，这种控制方式被称为矢量控制方式。

　　d　直接转矩控制变频器

　　直接转矩控制是继矢量控制变频器调速技术之后的一种新型的交流变频调速技术。它是利用空间电压矢量 PWM（SVPWM）通过磁链、转矩的直接控制，确定逆变器的开关状态来实现的。直接转矩控制还可以用于普通的 PWM 控制，实现开环或闭环控制。

　　D　按功能分类

　　a　恒转矩变频器

　　恒转矩变频器控制的对象具有恒转矩特性，在转速精度及性能等方面要求一般不高，当用变频器实现恒转矩调速时，必须加大电动机和变频器的容量，以提高低速转矩。恒转矩变频器主要应用于挤压机、搅拌机、传送带和提升机等。

　　b　平方转矩变频器

　　平方转矩变频器控制的对象在过载能力方面要求较低，由于负载转矩与负载转矩的平方成正比，所以低速运行时负载较轻，并有节能的效果。平方转矩变频器主要应用于风机和泵类。

　　E　按用途分类

　　a　通用变频器

　　通用变频器是指与普通的笼型异步电动机配套使用，能适应各种性质的负载，并具有多种可供选择功能的变频器。

　　b　高性能专用变频器

　　高性能专用变频器主要应用于对电动机的控制要求较高的系统，与通用变频器相比，高性能专用变频器大多数采用矢量控制方式，驱动对象通常是变频器厂家指定专用电动机。

　　F　按输出电压调制方式分类

　　a　PAM 方式

PAM（Pulse Amplitude Modulation），即脉冲幅度调制方式。PAM 的特点是变频器在改变输出频率的同时也改变了电压的振幅值。在变频器中逆变器负责调节输出频率，而输出电压的调节则由相控整流器或直流斩波器通过调节直流电压 U_d 去实现。采用相控整流器调压时，供电电源的功率因数随调节深度的增加而变小；采用直流斩波器调压时，供电电源的功率因数在不考虑谐波影响时，可以达到 1。

b　PWM 方式

PWM（Pulse Width Modulation），即脉冲宽度调制方式。PWM 的特点是变频器在改变输出频率的同时，也改变了电压的脉冲，占空比，其电压及频率的调节只需控制逆变电路便可实现，通过改变脉冲宽度来改变输出电压幅值，通过改变调制周期可以控制其输出频率。这种方式大大减少了负载电流中的高次谐波。

G　按主开关器件分类

a　IGBT 变频器

由于 IGBT 开关频率高，可构成静音式变频器，使电动机的噪声降到接近正常工频供电时的水平，其电流波形更加正弦化，减小了电动机转矩脉动，且低速转矩大，其用于矢量控制时，响应更快，其比同容量的 BJT 变频器体积小，质量轻。

b　SCR 变频器

SCR 变频器属于电压源型变频器，其具有不选择负载的通用性，在不超过变频器容量条件下，可以多电动机并联运行，在确保换流能力足够的条件下，过负载能力较强、在多重化连接时，既可以改变波形又可以实现大容量化。

c　BJT 变频器

与 SCR 变频器相比，BJT 变频器不但不需要换流电路，而且还具有体积小、质量轻、开关效率高，适用于高频变频和 PWM 变频，适用于矢量控制以及响应较快的特点。

d　GTO 变频器

与 BJT 变频器相比，GTO 变频器的电压、电流等级高，适用于高压、大容量的应用场合。与 SCR 变频器相比，其开关频率高，可进行 PWM 控制，低速特性有很大提高，此外，与 SCR 变频器相比，还具有主回路简单、体积小、质量轻和效率高的特点。

1.1.3　知识拓展

1.1.3.1　电力 MOS 场效应晶体管（MOSFET）

电力 MOSFET（金属-氧化物-半导体场效应晶体管）是 IGBT 发展的基础，IGBT 的开发及应用在某些场合代替了电力 MOSFET，但是，就目前来看，电力 MOSFET 在高速开关、开关电源、变频器等方面亦有很多应用。

A　电路符号

MOSFET 的电路符号如图 1-13 所示。

B　特性及参数

a　转移特性

转移特性是指电力 MOSFET 的输入栅源电压 u_{GS} 与输出漏极电流 i_D 之间的关系，如图 1-14

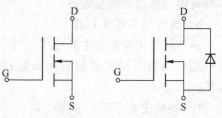

图 1-13　MOSFET 的电路符号

（a）所示。由图可见，当 $u_{GS} < U_{GS(th)}$ 时，i_D 近似为零；当 $u_{GS} > U_{GS(th)}$ 时，随着 u_{GS} 的增大，i_D 也越大。当 i_D 较大时，i_D 与 u_{GS} 的关系近似为线性，曲线的斜率被定义为跨导 g_m，则有：$g_m = \dfrac{di_D}{du_{GS}}$

　b　输出特性

输出特性是指以栅源电压 u_{GS} 为参变量，漏极电流 i_D 与漏源电压 u_{DS} 之间关系的曲线，如图 1-14（b）所示。

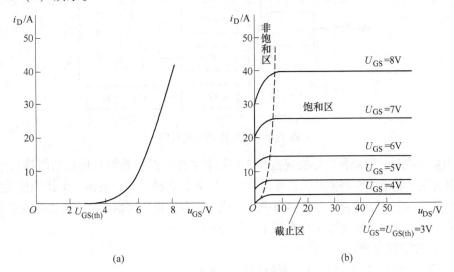

图 1-14　电力 MOSFET 的转移特性和输出特性
（a）转移特性；（b）输出特性

截止区：$u_{GS} \leqslant U_{GS(th)}$，$i_D = 0$，这和电力晶体管的截止区相对应。

饱和区：$u_{GS} > U_{GS(th)}$，$u_{DS} \geqslant u_{GS} - U_{GS(th)}$，当 u_{GS} 不变时，i_D 几乎不随 u_{DS} 的增加而增加，近似为一常数，故称为饱和区。这里的饱和区对应电力晶体管的放大区。当用做线性放大时，MOSFET 工作在该区。

非饱和区：$u_{GS} > U_{GS(th)}$，$u_{DS} < u_{GS} - U_{GS(th)}$，漏源电压 u_{DS} 和漏极电流 i_D 之比近似为常数。该区对应于电力晶体管的饱和区。当 MOSFET 作开关应用而导通时即工作在该区。

1.1.3.2　门极关断（GTO）晶闸管

普通晶闸管（SCR）在整流器、交—交变频器及某些有源逆变电路中，扮演了很好的角色。这是由于交流电源每进入负半周时，SCR 承受反向电压而自行关断，而不能控制其关断。GTO 是晶闸管的一个衍生器件。不但可以通过对门极加正脉冲电流控制导通，还可以对门极施加负的脉冲电流使其关断，是全控型器件。目前，已经上市的 GTO 容量已经达到 6000V/4000A。用大容量的 GTO 组装的变频器容量为 600 ~ 3000kV·A。因此，GTO 是大中容量变频器选用的电力半导体器件。

1.1.3.3　智能电力模块（IPM）

智能电力模块（Intelligent Power Module，IPM）是电力集成电路（Power Integrated Circuits，PIC）的一种；还有一种高压电力集成电路，这里不介绍。IPM 有时还称为智能集成电路（Smart Power Integrated Circuits，SPIC）。IPM 内部功能框图如图 1-15 所示。

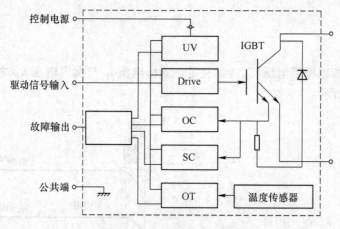

图 1-15　IPM 内部功能框图

电力集成模块的智能化主要表现在易实现控制功能、保护功能和接口功能等三个方面。IPM 就具有这种特点。它将主开关器件，续流二极管，驱动电路，电流、电压温度检测单元及保护信号生成与传送电路，某些接口电路集成在一起，形成所谓混合式电力集成电路。

IPM 与常规 IGBT 模块相比具有如下的特点：

（1）内含驱动电路；

（2）内含过电流保护（OC）、短路保护（SC）；

（3）内含控制电源欠电压保护（UV）；

（4）内含过热保护（OH）；

（5）内含报警输出（ALM）；

（6）内含制动电路；

（7）散热效果好。

1.1.4　任务训练——用指针式万用表检测 IGBT 模块

（1）用万用表的 R×1K 判断 IGBT 的极性。用万用表测量时，若某一极与其他两极阻值为无穷大，调换表笔后该极与其他两极的阻值仍为无穷大，则判断此极为栅极（G）。其余两极再用万用表测量，若测得阻值为无穷大，调换表笔后测量阻值较小。在测量阻值较小的一次中，则判断红表笔接的为集电极（C）：黑表笔接的为发射极（E）。

（2）用万用表的 R×10kΩ 挡判断 IGBT 的好坏。用黑表笔接 IGBT 的集电极（C），红表笔接 IGBT 的发时极（E），此时万用表的指针在零位。用手指同时触及一下栅极（G）和集电极（C），这时 IGBT 被触发导通，万用表的指针摆向阻值较小的方向，并能指示在某一位置。然后再用手指同时触及一下栅极（G）和发射极（E），这时 IGBT 被阻断，万用表的指针回零。此时即可判断 IGBT 是好的。

注意：判断 IGBT 好坏时，一定要将万用表拨在 R×10K 挡，因为 R×1kΩ 挡以下各挡万用表内部电池电压太低，检测好坏时不能使 IGBT 导通，而无法判断 IGBT 的好坏。此方法同样也可以用来检测功率场效应晶体管（P-MOSFET）的好坏。

任务 1.2 变频器的结构、工作原理

【任务要点】

(1) 通用变频器的基本组成结构、原理。

(2) 变频器的 SPWM 控制的实现和优势。

(3) SPWM、矢量调制方式下 U/f 曲线测定方法。

1.2.1 任务描述与分析

1.2.1.1 任务描述

变频调速能够应用在大部分的电机拖动场合，由于它能提供精确的速度控制，因此可以方便地控制机械传动的上升、下降和变速运行。同时变频器可以优化电机运行，大大地提高了工艺的高效性以及起到节能的作用。

1.2.1.2 任务分析

本任务介绍变频器的基本组成结构和工作原理，通过对交—直—交变频器结构及原理的认识，掌握对变频器的正确使用方法及在提高实际工作中正确判断变频器故障的理论基础和方法。

1.2.2 相关知识

1.2.2.1 变频器的原理

异步电机的转速公式：

$$n = \frac{60f}{p}(1-s) \tag{1-1}$$

式中，n 为电动机的转速；f 为电源频率；s 为转差率；p 为定子旋转磁场的极对数。因此从这个公式就可以看出，要想改变电动机的转速，可以改变 f，s，p 这三个量中的任意一个，就能够实现调速，其中改变电源频率 f 是比较方便和有效的方法，只要改变了电源频率 f 就能够改变电动机的转速，但是通过改变 f 来调速并不能获得良好的变频特性，甚至造成电动机无法正常工作。

变频器是把工频电源（50 Hz 或 60 Hz）变换成各种频率的交流电源，以实现电机变速运行的设备。对于交—直—交变频器，通过整流电路将交流电变换成直流电，然后直流中间电路对整流电路的输出进行平滑滤波，最后逆变电路将直流电再逆变成所需频率及大小的交流电。在整个过程中变频器控制电路完成对主电路的控制及保护，对于如矢量控制变频器这种需要大量运算的变频器来说，有时还需要一个进行转矩计算的 CPU 以及一些相应的电路。

1.2.2.2 SPWM 脉宽调制原理

变频调速时，需要同时调节逆变器的输出电压和频率，以保证电动机主磁通的恒定。

对输出电压的调节主要有 PAM 方式和 PWM 方式两种。脉冲幅值调制方式 PAM（Pulse Amplitude Modulation）是通过改变直流电压的幅值进行调压的方式。在变频器中，逆变器只负责调节输出频率，而输出电压的调节则由相控整流器或直流斩波器通过调节直流电压实现。此种方式下，系统低速运行时谐波与噪声都比较大，所以现在几乎不采用了。

脉冲宽度调制 PWM（Pulse Width Modulation）方式的变频器输出频率和输出电压的调节均由逆变器按 PWM 方式来完成。这种调制方式由于输出频率和输出电压的调节均在逆变器内控制和调节，因此调节速度快，调节过程中频率和电压配合好，系统动态性能好。此外，PWM 型逆变器的输出电压和电流波形接近正弦波，从而解决了由于以矩形波供电引起的电动机发热和转矩降低的问题，改善了电动机运行性能。

PWM 脉宽调制的方式很多，由调制脉冲（调制波）的极性可分为单极性和双极性。由参考信号和载波信号的频率关系可分为同步调制方式和异步调制方式。参考信号为正弦波的脉冲宽度调制叫做正弦波脉冲宽度调制（SPWM）。

A　单极性脉宽调制

单极性脉宽调制的特征是：参考信号和载波信号都为单极性的信号。单极性单相 SPWM 调制波形分析如图 1-16、图 1-17 所示。

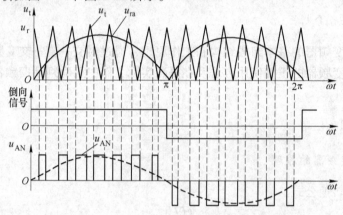

图 1-16　单极性单相 SPWM 调制波形分析（1）

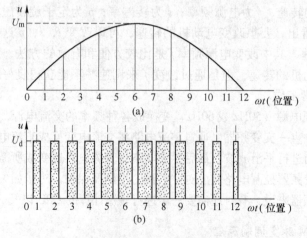

图 1-17　单极性单相 SPWM 调制波形分析（2）

（a）正弦波；（b）SPWM 波

可见，输出的调制波是幅值不变、等距但不等宽的脉冲序列。SPWM 调制波的脉冲宽度基本上呈正弦分布，其各脉冲在单位时间内的平均值的包络线接近于正弦波，如图 1-18 所示。

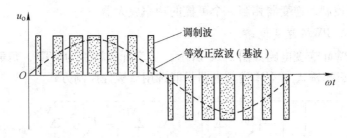

图 1-18　单极性单相 SPWM 调制波形分析（3）

B　双极性单相脉宽调制

双极性脉宽调制方式的特征是：参考信号和载波信号均为双极性信号。

在双极性 SPWM 方式中，参考信号为对称可调频、调幅的单相或三相正弦波，由于参考信号本身具有正负半周，无须反向器进行正负半波控制。双极性 SPWM 的调制规律相对简单，且不需要分正负半周。

仍以单相为例，双极单相 SPWM 波形调制规律如图 1-19 所示。

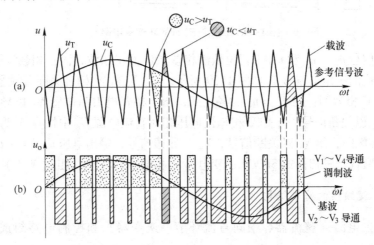

图 1-19　双极性单相 SPWM 波形分析
（a）参考信号波与载波的比较；（b）双极性 SPWM 波形

经过对 u_C 和 u_T 的逐点比较，可得到如图 1-19 所示的调制波形。此波形的特点是：

（1）在每半周中，电压的极性有正、有负，所以它是双极性的。

（2）它的波形是等幅值、中心线等距离的正、负方波；对应的参考信号（正弦波）瞬时值越大，则正、负方波脉冲宽度的差值越大（在零点处，正、负方波脉冲的宽度将相等），因此，这是调制波。

（3）调制波的基波与参考信号波是同频率的正弦波，而且它的幅值也取决于参考信号波的幅值。

（4）综上所述，改变参考信号电压的频率，即可改变逆变器输出基波的频率（频率可调范围一般为 0～400Hz）；改变参考信号电压的幅值，便可改变输出基波的幅值。

（5）载波信号的频率比较高（可达 15kHz 以上），在负载电感（如电动机绕组的电感）的滤波作用下，可以获得与正弦基波基本相同的正弦电流。

采用 SPWM 控制，逆变器相当一个可控的功率放大器。

C　三相桥式 SPWM 逆变电路

三相桥式 SPWM 逆变电路如图 1-20 所示，功率开关器件为 GTR，负载为电感性。从电路结构上看，三相桥式 SPWM 变频电路只能选用双极性控制方式。

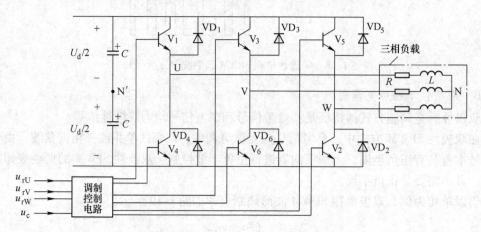

图 1-20　三相桥式 SPWM 逆变电路

三相调制信号 u_{rU}、u_{rV} 和 u_{rW} 为相位依次相差 120°的正弦波，而三相载波信号是共用一个正负方向变化的三角形波 u_c，如图 1-20 所示。U、V 和 W 相自关断开关器件的控制方法相同，现以 U 相为例：在 $u_{rU} > u_c$ 的各区间，给上桥臂电力晶体管 V_1 以导通驱动信号，而给下桥臂 V_4 以关断信号，于是 U 相输出电压相对直流电源 U_d 中性点 N' 为 $u_{UN}' = U_d/2$。在 $u_{rU} < u_c$ 的各区间，给 V_1 以关断信号，V_4 为导通信号，输出电压 $u_{UN}' = -U_d/2$。图 1-21 所示的 u_{UN}' 波形就是三相桥式 SPWM 逆变电路 U 相输出的波形（相对 N' 点）。

1.2.2.3　变频器的基本结构

变频器由主电路（整流器、中间直流环节、逆变器）和控制电路组成，如图 1-22 所示。

A　变频器主电路

以交—直—交变频器为例，图 1-23 为交—直—交变频器主电路。

（1）$VD_1 ～ VD_6$ 组成三相整流桥，将工频交流变换为脉动直流。

（2）滤波电容器 C_1、C_2 作用：

1）滤除全波整流后的电压纹波；

2）当负载变化时，使直流电压保持平衡。

因为受电容量和耐压的限制，滤波电路通常由若干个电容器并联成一组，又由两组电容器组串联而成，如图 1-23 中的 C_1 和 C_2 所示。由于两组电容特性不可能完全相同，在每组电容组上并联一个阻值相等的分压电阻 R_1 和 R_2。

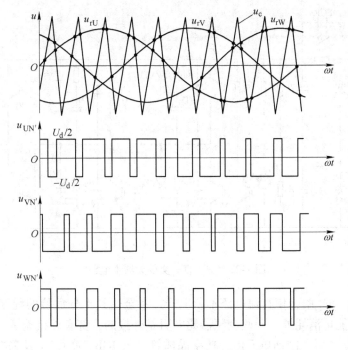

图 1-21   三相桥式 SPWM 变频波形

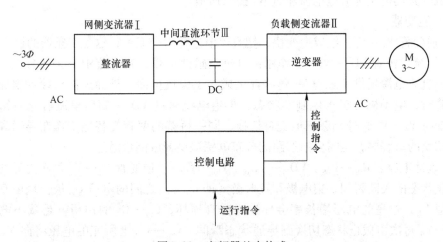

图 1-22   变频器基本构成

（3）限流电阻 R_L 和开关 S（或 SCR）。R_L 作用：变频器刚合上闸瞬间冲击电流比较大，其作用就是在合上闸后的一段时间内，电流流经 R_L，限制冲击电流，将电容 C_1、C_2 的充电电流限制在一定范围内。

S（或 SCR）作用：当 C_1、C_2 充电到一定电压，S 闭合，将 R_L 短路。一些变频器使用晶闸管代替（如虚线所示）。

（4）电源指示 HL 作用：除作为变频器通电指示外，还作为变频器断电后，变频器是否有电的指示（灯灭后才能进行拆线等操作）。

（5）制动电阻 R_B 及制动单元 V_B。

制动电阻 R_B 作用：变频器在频率下降的过程中，将处于再生制动状态，回馈的电能

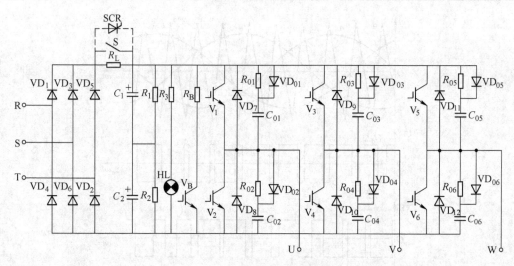

图 1-23　交—直—交变频器主电路

将存贮在电容 C_1、C_2 中，使直流电压不断上升，甚至达到十分危险的程度。R_B 的作用就是将这部分回馈能量消耗掉。一些变频器此电阻是外接的，都有外接端子。

制动单元 V_B 作用：制动单元由大功率晶体管（或 IGBT 等）V_B 及采样、比较和驱动电路构成，其功能是为放电电流流过 R_B 提供通道。

（6）逆变器。

1）逆变管 $V_1 \sim V_6$。组成逆变桥，把直流电逆变为交流电，这是变频器的核心部分。

2）续流二极管 $VD_7 \sim VD_{12}$。作用：电机是感性负载，其电流中有无功分量，为无功电流返回直流电源提供"通道"；这些都集成在了模块里面，外面还需要缓冲电路。另外频率下降时，电动机处于再生制动状态，再生电流通过 $VD_7 \sim VD_{12}$ 整流后返回给直流电路；逆变时 V_1—V_6 快速高频率地交替切换，同一桥臂的两管交替地工作在导通和截止状态，在切换的过程中，也需要给线路的分布电感提供释放能量通道。

3）缓冲电路（R_{01}—R_{06}、VD_{01}—VD_{06}、C_{01}—C_{06}）。逆变管 V_1—V_6 每次由导通状态切换成截止状态的关断瞬间，集电极和发射极（即 c、e）之间的电压 U_{ce} 极快地由 0 升至直流电压值 U_D，过高的电压增长率会导致逆变管损坏，C_{01}—C_{06} 的作用就是减小电压增长率；V_1—V_6 每次由截止状态切换到导通状态瞬间，C_{01}—C_{06} 上所充的电压将向 V_1—V_6 放电。该放电电流的初始值是很大的，R_{01}—R_{06} 的作用就是减小 C_{01}—C_{06} 的放电电流，VD_{01}—VD_{06} 接入后，在 V_1—V_6 的关断过程中，使 R_{01}—R_{06} 不起作用；而在 V_1—V_6 的接通过程中，又迫使 C_{01}—C_{06} 的放电电流流经 R_{01}—R_{06}。

B　变频器控制电路

变频器的控制电路是给变频器主电路提供控制信号的回路，主要由频率、电压的"运算电路"，主电路的"电压、电流检测电路"，电动机的"速度检测电路"，将运算电路的控制信号进行放大的"驱动电路"，以及逆变器和电动机的"保护电路"组成。

（1）运算电路：将外部的速度、转矩等指令同检测电路的电流、电压信号进行比较运算，决定逆变器的输出电压、频率。

（2）电压、电流检测电路：与主回路电位隔离检测电压、电流等。

（3）驱动电路：驱动主电路器件的电路。它与控制电路隔离使主电路器件导通、关断。

（4）速度检测电路：以装在异步电动机轴机上的速度检测器（tg、plg 等）的信号为速度信号，送入运算回路，根据指令和运算可使电动机按指令速度运转。

（5）保护电路：检测主电路的电压、电流等，当发生过载或过电压等异常时，为了防止逆变器和异步电动机损坏，使逆变器停止工作或抑制电压、电流值。

1.2.2.4　采用模拟电路的 IGBT-SPWM-VVVF 交流调速系统

模拟式 IGBT-SPWM-VVVF 交流调速系统原理框图如图 1-24 所示。

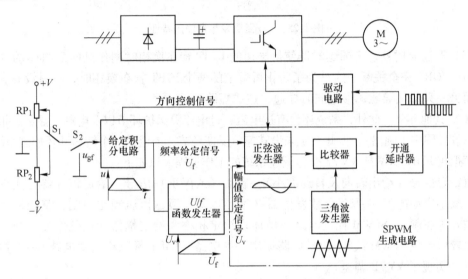

图 1-24　模拟式 IGBT-SPWM-VVVF 交流调速系统原理框图

系统主电路为由三相二极管整流器 – IGBT 逆变器组成的电压型变频电路，供电对象为三相异步电动机，IGBT 采用专用驱动模块驱动，该系统各环节及其原理如下：

（1）SPWM 生成电路。由正弦波发生器产生的正弦信号波，与三角波发生器产生的载波，通过比较器比较后，产生正弦脉宽调制波（SPWM 波）。

（2）给定环节。S_1 为正、反运转选择开关。电位器 RP_1 调节正向转速，RP_2 调节反向转速。S_2 为启动、停止开关，停车时，将输入端接地，防止干扰信号侵入。

（3）给定积分电路。它的主体是一个具有限幅的积分环节，以将正、负阶跃信号，转换成上升和下降、斜率均可调的，具有限幅的，正、负斜坡信号。正斜坡信号将使启动过程变得平稳，实现软启动，同时也减小了启动时过大的冲击电流。负斜坡信号将使停车过程变得平稳。

（4）U/f 函数发生器。U/f 函数发生器是一个带限幅的斜坡信号发生器。U/f 函数发生器的功能就是在基频以下，产生一个与频率 f_1 成正比的电压，作为正弦信号波幅值的给定信号，以实现恒压频比（U/f = 恒量）的控制。在基频以上，则使 U 为一恒量，以实现恒压（弱磁升速）控制。U/f 函数发生器其输出特性如图 1-25 所示。

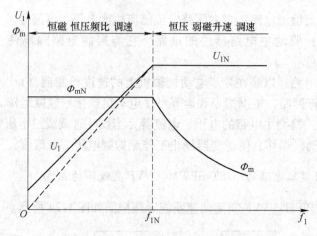

图 1-25　U/f 函数发生器输出特性

（5）开通延时器。开通延时器使待导通的 IGBT 管在换相时稍作延时后再驱动（待桥臂上另一 IGBT 完全关断。这是为了防止桥臂上的两个 IGBT 管在换相时，一只没有完全关断，而另一只却又导通，形成同时导通，造成短路。

（6）其他环节。此外，系统还设有过电压、过电流等保护环节以及电源、显示、报警等辅助环节（图中未画出），但此系统未设转速负反馈环节，因此是一个转速开环控制系统。

模拟式 IGBT-SPWM-VVVF 交流调速系统的工作过程大致如下：

由给定信号（给出转向及转速大小）→启动（或停止）信号→给定积分器（实现平稳启动、减小启动电流）→U/f 函数发生器（基频以下，恒磁恒压频比控制；基频以上，恒压弱磁升速控制）→SPWM 控制电路（由体现给定频率和给定幅值的正弦信号波与三角波载波比较后产生 SPWM 波）→驱动电路模块→主电路（IGBT 管三相逆变电路）→三相异步电动机（实现了 VVVF 调速）。

1.2.3　任务拓展

1.2.3.1　交—交变频器基本原理

交—交变频技术是早期中压变频的主要形式，此种中压变频技术比较成熟。第一代电力电子器件——晶闸管（SCR）能很好满足要求，主电路开关器件处于自然关断状态，不存在强迫换流问题。因它的工作原理决定了它只能工作在低频率，仅适应于低转速大容量的场合。

交—交变频器由三组可逆整流器组成，若三个移相信号是一组频率和幅值可调的三相正弦信号，则变频器输出相应的三相交流电压，实现变频。

图 1-26 为三相零式交—交变频器的原理电路。它是由三组结构完全相同的三相输入、单相输出的变频器组成的，每一组可用图 1-27 所示的电路图表示。

图 1-26 所示电路由正、负两组相控整流器组成，通过适当的相位控制，使两组整流器轮流导通，正、负组整流器分别流过负载中的正向和反向输出电流。由于每组整流器都可实现相位控制，为了得到低频输出，可以在电源的若干周波内，先封锁负组整流器，使正组整流器的相控角连续地按一定规律逐渐由大变小，再由小变大。例如控制角 α 由 90°

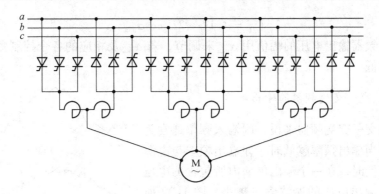

图 1-26 三相零式交—交变频器的原理电路

逐渐变到 0°，再由 0° 逐渐变到 90°，这样就可得到由低变高、再由高变低的输出电压，从而构成正半周的低频输出，如图 1-27 所示。然后在电流正半波输出结束后立即封锁正组整流器，再对负组整流器进行同样的控制，又可构成负半周的低频输出。因此只要电源频率相对输出频率高出许多倍，就可以近似认为输出电压是平滑的正负两半周对称的低频正弦波。

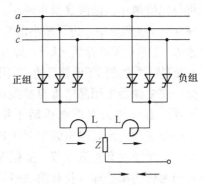

图 1-27 一组正、负两组相控整流电路

1.2.3.2 交—交变频器的输出电压

图 1-28 所示为三相零式交—交变频器一组输出电压波形，其每相输出电压为：

$$u_0 = 1.17 / \sqrt{2} U_2 \cos\alpha \tag{1-2}$$

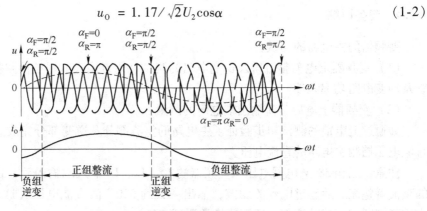

图 1-28 一组输出电压波形

有效值为：

$$U_0 = 1.17 / \sqrt{2} U_2 \approx 0.83 U_2 \tag{1-3}$$

在理想情况下，用三相零式整流器组成交—交变频器时，其最大输出相电压有效值可以达到电源相电压的 83%。在实际运行中，为了不造成逆变颠覆，α 角不能小于某个极限值 $\alpha_{\min}$，以便为逆变的晶闸管留有换相重叠角和恢复阻断的时间。

所以实际情况下相控整流器每相最大输出电压有效值为：

$$U_0 = 1.17/\sqrt{2}U_2\cos\alpha_{\min}　　　　　　　　(1-4)$$

交—交变频器输出电压的幅值用 $\alpha_{\min}$ 来调节，若 $\alpha_{\min}$ 及相应的各个控制角增大，则输出电压幅值降低。

1.2.3.3　交—交变频器的输出频率

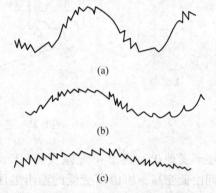

对于三相交—交变频器来说，因输入频率通常为电网频率，则当输出频率越低时，即输出频率与电源频率的比值越低时，在一个输出周期内所包含的电压波段数越多，输出电压的谐波含量越小。图 1-29 所示为输出、输入频率在不同比值下的输出电压波形，由图可见比值越小，谐波含量也越小。

在交—交变频器中，为了减小谐波含量，降低负载转矩脉动，通常应保证 $f_0/f_1 < 1/3$，即 $f_0 < 16.7\text{Hz}$。这也是交—交变频器更适用于低频低速的应用场合的原因。

图 1-29　输出不同频率的电压波形
(a) $f_0/f_1 = 1/2$；(b) $f_0/f_1 = 1/3$；
(c) $f_0/f_1 = 1/6$

交—交变频器采用晶闸管自然换流方式，工作稳定，可靠，适合作为双馈电机转子绕组的变频器电源，交—交变频的最高输出频率是电网频率的 $1/3 \sim 1/2$，在大功率低频范围有很大的优势。交—交变频没有直流环节，变频效率高，主回路简单，不含直流电路及滤波部分，与电源之间无功功率处理以及有功功率回馈容易。虽然交—交变频双馈系统得到了普遍的应用，但因其功率因数低，高次谐波多，输出频率低，变化范围窄，使用元件数量多使之应用受到了一定的限制。

1.2.4　任务训练

变频器的主电路的测试：

（1）变频器上电前整流桥及逆变电路的测试。用万用表欧姆挡检测整流桥的整流二极管及逆变电路功率元件。

（2）变频器上电后直流输出端电压的测量。

如通过上电前的测试初步验证了主电路的整流部分及逆变部分完成后，再用万用表的直流电压挡测主电路的直流电压。

注意：三相 380V 电网电压从变频器的 L_1，L_2，L_3 输入端输入后，首先要经过变频器的整流桥整流，后经过电容的滤波，输出一大约 530V 的直流电压（这 530V 也就是我们常用来判断变频器整流部分好坏的最常测试点）。

任务 1.3　变频器的负载特性及基本控制方法

【任务要点】

（1）负载类型及特性。

（2）变频器基本控制方式的类别及特点。

（3）变频器基本控制方式的控制原理。

（4）变频器基本控制方式的控制方法。

1.3.1　任务描述与分析

1.3.1.1　任务描述

变频器的与负载的正确配合对于变频器控制系统的正常运行至关重要，而做到两者合理配合，势必要对变频器所驱动的负载的特性要充分了解。不同类型负载对于变频器控制方式有不同要求，对于变频器基本控制方式的认识和正确选择，既能满足工艺和生产的基本条件，同时又可以做到经济实用的目的。

1.3.1.2　任务分析

本任务介绍变频器的负载特性以及变频器基本控制方式的控制方法及控制原理，掌握变频器负载特点，掌握变频器与不同负载的配合选择方法，掌握变频器基本控制方式的控制特点，掌握不同负载对变频器基本控制方式的选择要求。

1.3.2　相关知识

1.3.2.1　负载分类及特性

变频器控制系统中电动机所带动的负载性质，是变频器控制系统控制方式和控制方案确定时所要考虑的一个重要因素，恰当的控制方式及控制方案的选择，既可以保证控制系统的生产工艺要求和运行质量指标，又能够提高运行效率，降低运行成本。

负载转矩与转速的关系：

$$T_L = Cn^\alpha \tag{1-5}$$

式中　C——负载大小的常数；

　　　α——负载转矩形状的系数。

根据 α 取值的不同，可以对负载进行分类。当 $\alpha = 0$ 时，为恒转矩负载，$\alpha = -1$ 时，为恒功率负载，当 $\alpha = 2$ 时，为风机、泵类负载（二次方律负载），当 $\alpha = 1$ 时，为直线率负载，等等。

A　恒转矩负载

恒转矩负载转矩在任何时候都保持恒定，与转速无关，即：

$$T_L = C \tag{1-6}$$

因为 T_L 恒定，根据 $P_L = T_L n / 9550$，则恒转矩负载的功率 P_L 与转速 n 成正比。

恒转矩负载分反抗转矩也称摩擦转矩，如传送带、搅拌机、挤压机等，以及位能性恒转矩负载，如起重机、提升机等重力负载等。两种恒转矩负载机械特性如图 1-30 所示。

变频器驱动恒转矩负载时，低速下的转矩要足够大，并且要有足够大的过载能力。如果需要在低速下稳速运行，要考虑标准电动机的散热能力，避免电动机的温升过高。

B　恒功率负载

恒功率负载转矩 T_L 与转速成反比，即：$T_L = \dfrac{C}{n}$，则 $T_L n = C$，即负载功率 P_L 与转速

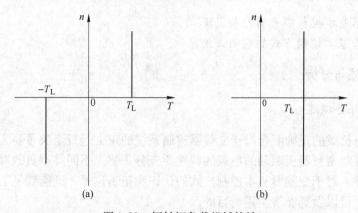

图 1-30　恒转矩负载机械特性

（a）反抗性恒转矩负载机械特性；（b）位能性恒转矩负载机械特性

无关，保持恒定，机械特性如图 1-31 所示。

机床主轴、轧机、造纸机等都属于恒功率负载。但是要明确一点，就是负载的恒功率性质应该是就一定的速度范围而言的，当速度很低时，T_L 不可能无限增大，因此在低速下变为恒转矩性质，针对这类负载，若电动机的恒功率和恒转矩调速范围与负载的恒功率和恒转矩调速范围相匹配，则电动机和变频器容量的选择均最小。

C　二次方率负载

这类负载也叫风机、泵类负载，这类负载是按离心力原理工作的，它们的负载转矩 T_L 与 n 的平方成正比，即 $T_L = Cn^2$，C 为常数。其机械特性如图 1-32 所示。

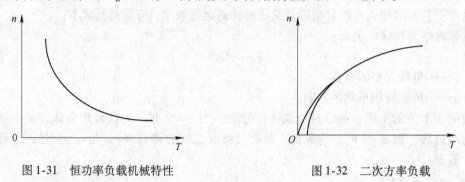

图 1-31　恒功率负载机械特性　　　　　　图 1-32　二次方率负载

二次方率负载的功率为：$P_L = \dfrac{Cn^3}{9550}$，即 P_L 与转速 n 的 3 次方成正比。因此所需风量、流量减小时，通过利用变频器调速来减小风量、流量，比起通过传统的调节方式可以大大地节约电能，但高速时，因 P_L 与转速 n 的 3 次方成正比，所需功率也很大，所以二次方率负载通常不适合超工频运行。

除上述负载外，还有许多其他类型的负载，如直线率负载，以及负载转矩则随时间作无规律的随机变化的负载等。

另外，实际负载可能是单一类型的，也可能是几种典型的综合，例如，实际通风机除了主要是通风性质的负载特性外，轴上还有一定的摩擦转矩 T_0，所以，实际通风机的机械特性应为 $T_L = T_0 + Cn^2$。而对于大部分的金属切削机床，低速时属于恒转矩型负载，高速时属于恒功率负载，等等。

1.3.2.2 变频器的基本控制方式

A U/f 控制方式

根据电机原理，三相异步电动机定子每相感应电动势的大小为：

$$E_1 = 4.44 f_1 N_1 K_{N1} \Phi_m \qquad (1-7)$$

式中，当 f_1 改变的同时，不改变 E_1 的大小时，磁通 Φ_m 必发生变化。

a 基频以下的恒磁通变频调速

为了保持电动机的负载能力，应保持气隙主磁通 Φ_m 不变，这就要求降低供电频率的同时降低感应电动势，保持 E_1/f_1 = 常数，即保持电动势与频率之比为常数进行控制。这种控制又称为恒磁通变频调速，属于恒转矩调速方式。

由异步电动机转矩公式：

$$T = K_m \Phi I_2 \cos\varphi_2 \qquad (1-8)$$

式中，K_m 为转矩常数；I_2 为转子电流；$\cos\varphi_2$ 为转子电路功率因数。

得 $T \propto \Phi$，即"恒磁通变频调速"属于"恒转矩调速方式"。

但是，E_1 难于直接检测和直接控制。当频率较高时，E_1 和 f_1 的值较高，定子的漏阻抗压降（主要是定子电阻压降）相对较小，如忽略不计，则可以近似地保持定子相电压 U_1 和频率 f_1 的比值为常数，即认为 $U_1 = E_1$，保持 U_1/f_1 = 常数即可。这就是恒压频比控制方式，是近似的恒磁通控制。

当频率较低时，U_1 和 E_1 都变小，定子的漏阻抗压降（主要是定子电阻压降）不能再忽略。这种情况下，可以人为地适当提高定子电压以补偿定子电阻压降的影响，使气隙磁通基本保持不变，近似的保持 E_1/f_1 = 常数的关系。

如图 1-33 所示，其中 1 为 $U_1/f_1 = C$ 时的电压、频率关系，2 为有电压补偿时（近似的 $E_1/f_1 = C$）的电压、频率关系。

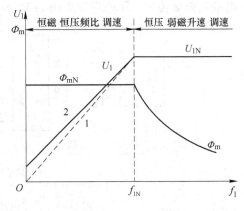

图 1-33 U_1/f_1 关系
1—$U_1/f_1 = C$；2—近似 $E_1/f_1 = C$

b 基频以上的弱磁变频调速

这是考虑由基频开始向上调速的情况。频率由额定值 f_{1N} 向上增大，但电压 U_1 受额定电压 U_{1N} 的限制不能再升高，只能保持 $U_1 = U_{1N}$ 不变，这样，必然会使主磁通随着 f_1 的上升而减小，相当于直流电动机弱磁升速的情况。而主磁通下降（见图 1-33），则电动机的电磁转矩 T 也会下降，在这种情况下，电动机输出的机械功率 P 基本保持不变，因此，这种基频以上的弱磁变频调速，属于近似的恒功率调速方式，即：

$$P = T \frac{2\pi n}{60} \approx C \qquad (1-9)$$

B 矢量控制（VC）方式

20 世纪 70 年代初，德国学者 Blaschhle 等人首先提出了矢量控制变换这种控制思想。

矢量控制成功地解决了交流电动机电磁转矩的有效控制，使异步电动机可以像他励直流电机那样控制，实现优良的动、静态调速特性，实现交流电动机高性能控制，因此矢量控制又称为解耦控制或矢量变换控制。发展趋势表明，矢量控制将淘汰标量控制，成为交流电动机传动系统的工业标准控制技术。

矢量控制的基本原理是通过测量和控制异步电动机定子电流矢量，根据磁场定向原理分别对异步电动机的励磁电流和转矩电流进行控制，从而达到控制异步电动机转矩的目的。具体是将异步电动机的定子电流矢量分解为产生磁场的电流分量（励磁电流）和产生转矩的电流分量（转矩电流）分别加以控制，并同时控制两分量间的幅值和相位，即控制定子电流矢量，所以称这种控制方式为矢量控制方式。

（1）矢量控制的基本原理。从产生同样的旋转磁场为准则，在三相坐标系上的定子交流电流 i_A、i_B、i_C 通过三相/两相变换，可以等效成两相静止坐标系上的交流电流 i_α、i_β，再通过同步旋转变换，可以等效成同步旋转坐标系上的直流电流 i_m 和 i_t，如图 1-34 所示。

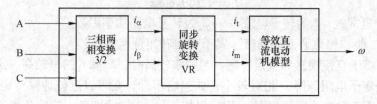

图 1-34　异步电动机坐标变换结构图

从内部看，经过 3/2 变换和同步旋转变换，变成一台由 i_m 和 i_t 输入，ω 输出的直流电动机。既然异步电动机经过坐标变换可以等效成直流电动机，那么模仿直流电动机的控制策略，得到直流电动机的控制量，经过相应的坐标反变换，就能够控制异步电动机了。异步电动机矢量控制系统原理图如图 1-35 所示。

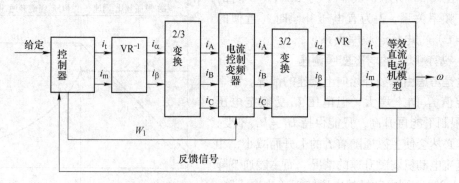

图 1-35　异步电动机矢量控制系统原理图

（2）矢量控制的特点。同 U/f 压频控制相比，矢量控制有如下优点：

1）对于给定值改变和负载改变有很短的上升时间，有较好的控制性能。

2）实现极低速时的平滑运行和高力矩高精度的速度和力矩控制。

3）在零速时可输出全部停车转矩。

根据矢量控制时，是否采用脉冲编码器（PG）反馈电动机转速，矢量控制可分为带编码器 PG 矢量控制和无编码器矢量控制。

C　直接转矩控制（DTC）方式

a　直接转矩控制的基本原理

在 20 世纪 80 年代中期，德国学者 Depenbrock 教授于 1985 年提出直接转矩控制，其思路是把电机和逆变器看成一个整体，采用空间电压矢量分析方法在定子坐标系进行磁通、转矩计算，通过跟踪型 PWM 逆变器的开关状态直接控制转矩。因此，无须对定子电流进行解耦，免去矢量变换的复杂计算，控制结构简单。

直接转矩控制技术，是利用空间矢量、定子磁场定向的分析方法，直接在定子坐标系下分析异步电动机的数学模型，计算与控制异步电动机的磁链和转矩，采用离散的两点式调节器（Band—Band 控制），把转矩检测值与转矩给定值作比较，使转矩波动限制在一定的容差范围内，容差的大小由频率调节器来控制，并产生 PWM 脉宽调制信号，直接对逆变器的开关状态进行控制，以获得高动态性能的转矩输出。它的控制效果不取决于异步电动机的数学模型是否能够简化，而是取决于转矩的实际状况，它不需要将交流电动机与直流电动机作比较、等效、转化，即不需要模仿直流电动机的控制，由于它省掉了矢量变换方式的坐标变换与计算和为解耦而简化异步电动机数学模型，没有通常的 PWM 脉宽调制信号发生器，所以它的控制结构简单、控制信号处理的物理概念明确、系统的转矩响应迅速且无超调，是一种具有高静、动态性能的交流调速控制方式。

直接转矩控制对转矩和磁链的控制要通过滞环比较器来实现。滞环比较器的运行原理为：当前值与给定值的误差在滞环比较器的容差范围内时，比较器的输出保持不变，一旦超过这个范围，滞环比较器便给出相应的值。

直接转矩控制的原理图如图 1-36 所示，给定转速与估计转速相比较，得到给定转矩；经转矩调节器将转矩差做滞环处理得到转矩控制信号；将磁链估计值跟给定磁链相比，经滞环比较器得到磁链控制信号；根据计算得到的转子位移，划分区段；根据区段，以及转矩和磁链控制信号，结合查找表得出空间矢量，生成 PWM 波；输出给逆变器，给电机供电。

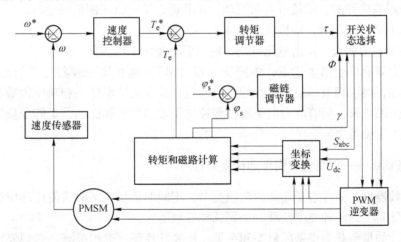

图 1-36　直接转矩控制原理图

b　直接转矩控制的特点

直接转矩控制技术与传统的矢量控制相比，具有以下的主要特点：

（1）控制结构非常简单。传统的转子磁场定向的矢量控制系统需要四个 PI 调节器和一个单独的 PWM 调节器，而 DTC 控制仅需要一对滞环控制器和一个速度 PI 调节器，这使得 DTC 具有更优良的动态性能；

（2）直接转矩控制的运算均在定子静止坐标系中进行，不需要在旋转坐标系中对定子电流进行分解和设定，所以不需要像矢量控制那样进行复杂的坐标变换，大大地简化了运算处理过程，简化了控制系统结构，提高了控制运算速度。

（3）直接转矩控制利用一对滞环比较器直接控制了定子磁链和转矩，而不是像矢量控制那样，通过控制定子电流的两个分量间接地控制电机的磁链和转矩，它追求转矩控制的快速性和准确性，并不刻意追求圆形磁链轨迹和正弦波电流。

（4）直接转矩控制采用空间电压矢量，将逆变器和控制策略一体化设计，并根据磁链和转矩滞环比较器的输出，直接对逆变器开关管的导通和关断进行最佳控制，最终产生离散的 PWM 电压输出，因此传统的直接转矩系统不需要单独的 PWM 调制器。

因此，直接转矩控制在很大程度上克服了矢量控制的复杂性，它采用空间矢量的分析方法，直接在定子坐标系下计算与控制交流电动机的转矩，采用定子磁场定向，借助离散的两点式调节产生 PWM 信号，直接对逆变器的开关状态进行最佳控制，以获得转矩的高动态性能，是一种具有高动态性能的交流调速方法。

1.3.3　知识拓展——矩阵式控制方式

矩阵变换器（Matrix Converter）由于输入电流和输出电压为品质良好的正弦波形，输入功率因数可调，结构紧凑，效率高，谐波污染小，成为当前的研究热点。

与传统的交—交变频器和交—直—交变频器相比，矩阵式交—交变换器具有以下几个显著特点：

（1）能同时提供正弦输入电流和输出电压电流；

（2）其输入功率因数可任意调节，可超前、可滞后，可调至其逼近于 1；

（3）采用双向开关，能量可双向流动，尤其适合于电机的四象限运行；

（4）无中间直流环节，结构紧凑，体积小，效率高；

（5）控制自由度大，输出电压可调，输出频率理论上可为任意值。

正是因为具有以上诸多优点，矩阵变换器（MC）拥有比变频器更广阔的应用前景，包括变频电源，要求频繁四象限运行的电机调速，高压大功率变换和功率因数校正等。可以预见在不远的将来，随着电力电子器件和控制手段的发展和成熟，矩阵变换器将成为广泛应用的电力变换器之一。

1.3.4　任务训练——根据负载类型选择变频器

选择变频器时，要考虑变频器的负载类型，不同的负载、不同的使用环境都要用不同的变频器。针对下列几种类型负载，如何选择变频器？

第一类，如果负载类型是风机类和泵类，比如叶片泵、容积泵等，必须要特别注意负载的性能曲线，一般这种类型负载只要变频器容量等于电机容量即可。但是也不是所有的泵类都符合这个选型规律，比如空压机、深水泵、泥沙泵、音乐喷泉等需要适当加大变频器的容量。

第二类，起重机一类的负载。

第三类，不均衡的负载，即负载有时候比较轻，有时候很重。

第四类，大惯性的负载，比如离心机、冲床、水泥厂的旋转窑等。

任务 1.4 变频器的制动控制方式

【任务要点】

(1) 电气制动的种类、概念及特点。

(2) MM4 系列变频器能耗制动的方法。

(3) MM4 系列变频器直流制动参数设置及调试。

1.4.1 任务描述与分析

1.4.1.1 任务描述

在变频器、异步电动机和机械负载所组成的变频调速传动系统中，当电动机减速或者所传动的位能负载下放时，异步电动机将处于再生发电制动状态。当制动较快，电容器电压升得过高时，变频器的制动控制方式在于处理再生能量问题。

1.4.1.2 任务分析

本任务介绍了变频器电气制动方法、概念、特点、应用场合及注意事项，掌握 MM4 系列变频器的制动功能，掌握 MM4 系列变频器直流制动、复合制动参数设置及调试。

1.4.2 相关知识

1.4.2.1 变频器的电气制动

变频器的电气制动方法有 3 种：能耗制动、直流制动、回馈制动，其性能及特点见表 1-2。

表 1-2 变频器电气制动的性能和特点

电气制动种类	制动转矩	制动方式	制动过程再生能量处理方式	制动效果	功率/kW	用途
能耗制动	≤80% T_N 加强式可达 130%~350% T_N	能耗电阻上发热	浪费	差	50	一般要求的制动设备上，制动转矩不平衡有冲击，有低速爬行可能
直流制动	80%~100% T_N	动能变电能产生制动转矩	浪费	差	50~100	要求平稳无冲击，停车准确，如针织、缝纫；启动前先停车，如大型风机
回馈（再生）制动	80%~50% T_N	动能变电能产生回馈电网	回收	好	>100	适用离心机、清洗机等，尤其高低速交叉，正反转交替，高速与低速差速很大时，可四象限运转

A　能耗制动

a　制动情况

从高速到低速（或零速），这时电气的频率变化很快，但电动机的转子带着负载（生产机械）有较大的机械惯性，不可能很快停止，并产生反电动势 $E > U$（端电压），电动机处于发电状态，其产生反向电压转矩与原电动状态转矩相反，而使电动机具有较强的制动转矩，迫使转子较快停下来。由于变频器通常是交—直—交主电路，AC/DC 整流电路是不可逆的，因此，电动机产生的反电动势无法回馈到电网上去，结果造成主电路电容器两端电压升高（称为泵升电压）。当电压超过设定上限值电压（700V）时，制动电路导通制动电阻上流过电流，从而将电能变成热能消耗掉，电压随之下降，待到设定下限值（680V）时即断开。这就是制动单元的工作过程。这种制动方法不可控，制动转矩有波动，但制动时间是可人为设定的。能耗制动的技术性能见表 1-3。

表 1-3　能耗制动的技术性能

制动方式	自动电压跟踪方式	制动电压	通常 130% U_N，最大 150% U_N
反应时间	1ms 以下有多种噪声	保护	过热，过电流，短路
电网电压	300 ~ 400V，45 ~ 66Hz	滤波器	有噪声滤波器
动作电压	DC700V，误差 2V	防护等级	IPOO
滞环电压	20V		

b　制动电阻

关于制动电阻的作用和选择在相关学习任务中已经说明，在实际应用中，可根据表 1-4 所示方法确定制动电阻，根据表 1-5 所示方法确定电阻功率。

表 1-4　制动电阻计算方法

制 动 转 矩	制 动 电 阻
90% T_N	$R = 700\Omega$／电动机功率（kW）
100% T_N	$R = 700\Omega$／电动机功率（kW）
110% T_N	$R = 650\Omega$／电动机功率（kW）
120% T_N	$R = 600\Omega$／电动机功率（kW）

表 1-5　电阻功率计算方法

制 动 性 质	电 阻 功 率
一般负载	P（kW）= 电动机额定功率（kW）×10%
频繁制动（1min5 次以上）	P（kW）= 电动机额定功率（kW）×15%
长时间制动（每次 4min 以上）	P（kW）= 电动机额定功率（kW）×20%

在具体应用中须注意：

（1）电阻值越小，制动转矩越大，流过制动单元的电流越大；

（2）不可以使制动单元的工作电流大于其允许的最大电流，否则要损坏器件；

（3）制动时间根据 R 的不同可人为选择；

（4）小容量变频器（≤7.5kW）一般是内接制动单元和制动电阻的；

（5）当在快速制动出现过电压时，说明是制动电阻的阻值过大来不及放电，应减少阻值。

c 制动电路

典型低压变频器主电路如图 1-37 所示，由二极管模块组成三相桥式整流，即 AC/DC 电路，滤波电路为电容器 C_1 及 C_2，制动电路由绝缘栅双极型晶体管 V 及电阻 R_B 和二极管 VD 组成，三相桥式逆变器 IGBT 模块组成 DC/AC 逆变器。

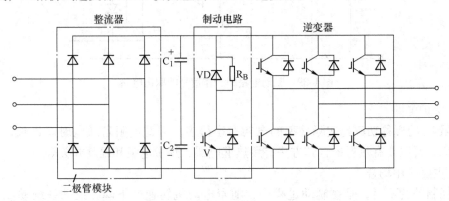

图 1-37 典型电压变频器主电路

大功率 V 采用 GTR 或 IGBT 均可，其主要性能参数选择如下：

击穿电压：$U_{CEO} = 1000V$ 即可；

集电极最大电流：按正常电压下，流经 R_B 的电流 $I_{CM} \geq 2 \times U_D/R$；

其他参数：放大倍速、开关时间等均无严格要求。

大功率管 GTR 的驱动电路如图 1-38 所示，在图 1-38 所示的驱动电路中，$VD_5 \sim VD_8$ 上的电压降为 GTR 提供反向偏置。工作过程是，当光耦合器 VL 得到信号而导通时，V_1 导通且饱和，V_2 随即导通，V_3 截止，使 GTR 导通，既有制动电流流经 R_B。当 VL 失去信号而截止时，V_1 截止，随即 V_2 截止，V_3 导通，GTR 因反向偏置而截止。这样多次反复将电能变热能，消耗在制动电阻 R_B 上。

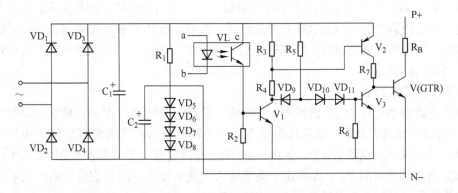

图 1-38 GTR 的驱动电路

驱动电路工作信号的取出，一般均取直流电压作信号，如图 1-39 所示。当 U_D 超上限值（如 700V）时，比较器输出为"＋"，则光耦合器 VLC 输出信号电流，再推动驱动电路，实现能耗制动工作状态，当 U_D 低于下限值（如 680V）时，比较器的输出为"－"，则光耦合器 VLC 输出无电流，这时驱动电路不工作，处于不制动工作状态。

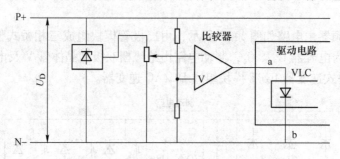

图 1-39　驱动电路的工作信号的取出电路

d　保护电路

电阻 R_B 的标称功率比实际功率的电功率小得多，因此电阻若通电时间过长，必导致过热损坏，所以要有热保护，其方法有用热继电器、热敏电阻和温度开关等。

e　主要应用场合

能耗制动的不足，是在制动过程中，随着电动机转速的下降，拖动系统动能也在下降，于是电动机的再生能力和制动转矩也在减少，所以在惯性较大的拖动系统中，常会出现在低速时停不住，而产生"爬行"现象，从而影响停车时间或停位的准确性，仅适用一般负载的停车。其特点是电路简单，价格较低。

B　直流制动

a　直流制动概况

在异步电动机定子加直流电压，此时变频器的输出频率为零，定子产生静止的恒定磁场，转动着的转子切割磁场的磁力线产生制动转矩，迫使电动机转子较快地停止，电动机存储的动能变换成电能消耗于异步电动机的转子电路。

直流制动应用的场合有：

（1）需要准确停车的场合。

（2）用于阻止启动前电动机由于外因引起的不规则自由旋转，例如风机，由于风管的风压差，而迫使风叶的自由放置甚至可能反转，故启动变频器前，先要保证拖动系统从零开始启动，即先实施直流制动，到零速以后才可启动，这一点对中大型风机更为必要。

b　直流制动要素

直流制动要素如下：

（1）直流制动电压 U_{DB}。选择 U_{DB} 实质是在设定制动转矩的大小，显然拖动系统惯性越大，U_{DB} 值该相对大些，一般直流电压在 $15\% \sim 20\%$ 左右的变频器额定输出电压大约为 $60 \sim 80V$；有的是选择制动电流的百分比，当然是小于额定值 I_N 的。两者都是可以人为选择的。

（2）直流制动时间 T_{DB}。即向定子绕组通入直流电流的时间，它应比实际需要的停机时间略长一些，也可人为选择。

（3）直流制动起始频率 f_{DB}。即当变频器的工作频率下降到多大时开始由能耗制动转为直流制动，这与负载对制动时间的要求有关。在并无严格要求情况下，f_{DB} 尽可能设定的小一些。

制动全过程中，可在高速段采用能耗制动，低速段采用直流制动，两者配合使用，这样既能快速制动，又可以准确停车，并防止了低速爬行现象。

c 定子绕组通入直流电流的方式

定子绕组通入直流电流的方式有：

（1）定子三相绕组通入直流电流，如图 1-40 所示，这时 6 个 IGBT 中应只有 3 个处于工作状态，且 3 个应位于不同桥臂不同侧，即不能均为上管或下管，其余 3 个一直处于关断状态。触发信号的占空比可以根据调制度进行调节。

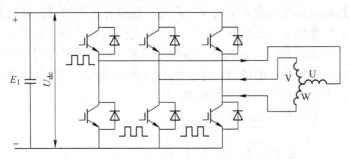

图 1-40　定子三相绕组中通入直流电流

（2）定子两相绕组中通入直流电流，如图 1-41 所示，这时只有两个不同桥臂不同侧的 IGBT 处于工作状态，其余都处于关断状态。

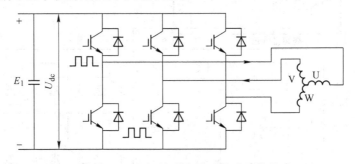

图 1-41　定子两相绕组中通入直流电流

（3）不论上述何种电路都存在当定子绕组中通入直流电流的方向与定子原来的电流方向相反时，发生较大的 di/dt 的问题，这时可能产生冲击电流，出现过电流保护跳闸现象，解决方法是通入的电压相位，通过软件方法，使通入电流前、后的电流方向一致，这是必须的。

C 回馈（再生）制动

a 回馈制动的概况

当电动机功率较大（$\geqslant 100 \text{kW}$），设备的飞轮力矩 GD_2 较大时，或是反复短时连续工作时，从高速到低速的降速幅度较大，且制动时间也较短时，为减少制动过程的能量损耗，将动能变为电网回馈到电网中去，以达到节能功效，可使用能量回馈制动装置。回馈制动的条件：

（1）电动机从高速（f_H）到低速（f_L）减速过程中，频率突减，电动机的机械惯性使得转差 $S < 0$，电动机处于发电状态，这是的反电势 $E > U$（端电压）。

（2）从电动机在某一个 f_N 运行，到停车时 $f_N = 0$，在这个过程中，电动机出现发电运行状态，这时反电势 $E > U$（端电压）。

（3）位能（或势能）负载，如起重机吊了重物下降时，出现实转速 n 大于同步转速 n_0，这时也出现电动机发电运行状态，当然 $E > U$ 是必然的。

b　回馈制动的原理

众所周知，一般通用变频器其桥式整流电路是三相不可控，因此无法实现直流回路与电压间双向能量传递，解决这个问题最有效的办法是采用有源逆变技术，如图 1-42 所示，即将再生能量逆变为与电网同频率、同相位的交流电回馈电网。采用电流追踪型 PWM 整流器组成方式，这样就容易实现功率的双向流动，且具有很快的动态响应速度，同时这样的拓扑结构使得我们能够完全控制交流侧和直流侧之间的无功功率和有功功率的交换，且效率高达 97%，经济效益较高，热损耗为能耗制动的 1%，同时不污染电网。因此，回馈制动特别适用于需要频繁制动的场合，电动机的功率也较大，这时节能效果明显，按运行的工况条件不同，平均约有 20% 的省电效果。

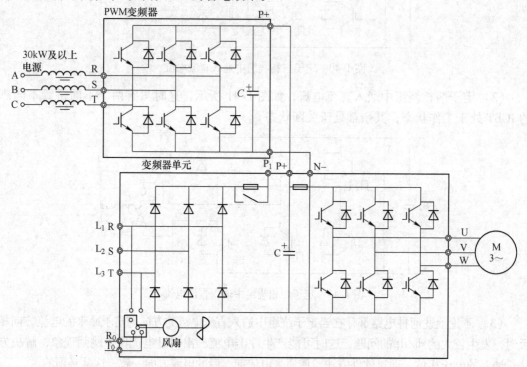

图 1-42　变频器与电源再生变频器组合时的连接电路

c　回馈制动技术性能及特点

回馈制动技术性能见表 1-6。

表 1-6　回馈制动技术性能

制 动 方 式	双向自动电压追踪控制方式	电源畸变度	5% 以下
反应时间	1ms 以下，有多重噪声过滤	内置电抗器	有
允许电网电压	AC 300～400V，45～66Hz	内置噪声滤波器	有
动作电压	DC700V，误差 2V	设计工作制	长期
滞环电压	20V	保护	过热、过流、短路
制动力矩	150%	防护等级	IPOO
回馈方式	正弦波电流方式		

回馈制动特点：

（1）可广泛应用于 PWM 交流传动的能量回馈场合的节能运行；

（2）回馈效率高，可达 97%，热损耗小，仅为能耗制动的 1%；

（3）谐波电流较小，对电网的污染很小，具有绿色环保的特点；

（4）节省投资，易于控制电源侧的谐波和无功分量；

（5）在多电动机传动中，每一单机的再生能量可以得到充分利用；

（6）具有较大的节能效果（与电动机的功率大小及运行工况等有关）；

（7）当车间由共同直流母线为多台设备供电时，回馈制动的能量可直接返回直流母线，供给其他设备使用，经过核算可以节省回馈逆变器容量，甚至可以不用回馈逆变器。

　d　主要应用场合

能量回馈系统装置具有的优越性远胜过能耗制动和直流制动，所以近年来各单位结合使用设备的特点，纷纷提出配置能量回馈装置的要求，但原来国外仅有 ABB、西门子、富士、安川、Vacon 等为数不多的公司能提供此类产品，国内几乎为空白。目前，深圳佳能电子公司采用加拿大技术，已开始专门从事变频制动装置的制造和应用，还有深圳英腾电气有限公司，也生产能耗制动及回馈制动产品。

在以下行业的设备上，使用回馈制动更为迫切：

（1）制药厂内葡萄糖结晶用的高速分离机；

（2）民用食糖（砂糖）结晶用的高速分离机；

（3）洗涤厂用的涂料混合机、搅拌机；

（4）塑料厂用的染色机、配料机、混合机；

（5）洗涤厂用的大中型清洗机、脱水机、甩干机；

（6）酒店、宾馆、洗衣店用的洗衣、床单清洗机等；

（7）各专业离心机械厂中高速离心机、分离机；

（8）各种倾倒设备如转炉、铁水包等；

（9）起重机械厂如桥式、塔式、门吊的起重主吊钩，当重物下降时的运转状态；

（10）一切高承载的输送带；

（11）矿井中的吊笼（载重或装料），斜井矿车；

（12）各种闸门的启动装置；

（13）造纸的纸辊电动机、化纤机械的牵伸机。

1.4.2.2　MM4 系列变频器的制动功能

A　能耗制动

应安装制动电阻来消耗回馈的能量。75kW 以下 MM440 均内置了制动单元，可直接连接制动电阻，90kW 以上需外接制动单元后方可连接制动电阻。

选择正确的制动电阻是保证制动效果并避免设备损坏的必要条件：首先要计算制动功率并绘制正确的制动曲线；再根据制动曲线确定制动周期及制动功率；根据所确定的制动功率及制动周期，同时参考电压、阻值等条件选择合适的制动电阻。

西门子标准传动产品提供的 MM4 系列制动电阻均为 5% 制动周期的电阻，所以在选型时应加以注意；制动周期在参数 P1237 中选择。同时应将 P1240 设置为 0，用以禁止直流电压控制器。

B　直流制动

MM 系列变频器的制动时，发出了 OFF_1/OFF_3 命令，传动装置便按照已经参数化的制动斜坡曲线减速制动，斜坡曲线必须是平缓的，这样变频器才不会再生能量过高导致直流回路出现过电压而跳闸，在 OFF_1/OFF_3 停车命令期间不是连续地降低输出频率/输出电压，而是从一个可以选择的频率开始向电动机输入一个直流电流/电压。

在直流制动的情况下，一个直流电流注入感应电动机的定子绕组产生制动转矩，制动电流的大小、持续的时间，以及电流开始注入时电动机的频率，都可以通过编程设置相应的参数。直流制动需要设置的参数为 P1230 ~ P1234。

P1230：使能直流注入制动；

P1232：直流注入制动的电流；

P1233：直流注入制动的持续时间；

P1234：投入直流注入制动的起始频率。

需要注意的是，使用同步电动机时，不能使用直流制动。

C　复合制动

该方式是将 OFF_1/OFF_3 的停车方式同直流制动的方式相结合的制动方式，这样既保证了转速受控，同时也实现了快速停车。用参数 P1236 使能这一功能。但应注意复合制动不能用于矢量控制。

1.4.3　知识拓展

1.4.3.1　西门子 6SE21 系列变频器制动参数的设置

在运行信号的控制下，变频器首先连续降频，达到 f_{DB} 后则开始直流制动，此时输出频率为零。在系统参数设置中，系统降速时间 t_Z、直流制动起始频率 f_{DB}、制动电流 I_{DB} 和制动时间 t_{DB} 的设置十分重要，直接关系到生产机械的准确定位和电动机的正常工作。西门子 6ES21 系列变频器的制动参数设置如下：

P372 = 1：启用直流制动功能。

P373 （I_{DB}）：直流制动电流大小的设置，该参数直接关系到制动转矩的大小，系统惯性越大其值应越大。可选范围为电动机额定电流的 20% ~ 400%，经验值为 60% 左右。

P374 （t_{DB}）：直流制动时间，该参数不宜过长，否则电动机将过热，应比实际停机时间略长，否则电动机将进入自由滑行状态。可选范围为 0.1 ~ 99.9s，应结合实际情况反复调整，经验值为 5.5s 左右。

P375 （f_{DB}）：直流制动开始频率，该参数应尽可能小，必须在临界转速对应的频率以下，否则电动机将过热。经验值为 10Hz 左右。

P373、P374、P375 选择不当，均会引起电动机过热，须在现场反复调试、调整。变频器输出频率由正常工作频率降至 f_{DB} 的时间 t_Z 虽不在直流制动参数组中设置，但它的设置十分关键，如时间过短，电动机的工作点将转移至第二象限，发生再生制动从而引起电动机过热。

1.4.3.2   西门子 6SE70 系列变频器直流电流制动功能的参数设置

P603：电机去磁时间（0.01 ~ 10.00s），用此参数设置脉冲封锁至脉冲释放的最小延迟时间。为保险起见，电机在脉冲释放时最少去磁 90%。该参数在自动设置参数和电机数据辨识时予以设定。

P395：直流制动选择（0：不选；1：选择用 OFF_3 指令实现直流制动）。

P396：直流制动电流，最大为 4 倍电机额定电流。

P397：直流制动时间（0.1 ~ 99.9s）。

P398：直流制动开始频率（0.1 ~ 99.9Hz），在次频率下用 OFF_3 命令开始直流制动。

任务 1.5   三相正弦脉宽调制 SPWM 变频原理实验

【任务要点】

（1）变频器的 SPWM 控制的原理。

（2）认识变频器的 SPWM 控制的实现和优势。

（3）掌握 SPWM 的实现方法。

（4）在规定的频率范围内测试正弦波信号的频率和幅值，从而能够分析正弦波信号的幅值与频率的关系。

1.5.1   任务描述与分析

1.5.1.1   任务描述

现在电压型变频器的输出电压的调制方式采用的是 SPWM，即正弦脉宽调制。SPWM 法就是以正弦波作为基准波（调制波），用一列等幅的三角波（载波）与基准正弦波相交，由交点来确定逆变器的开关模式。这样产生的脉冲系列可以使负载电流中的高次谐波成分大为减小。

1.5.1.2   任务分析

本任务通过实训的方式，加深对正弦脉宽调制（SPWM）原理及 SPWM 波形的形象认识，通过本任务的实施，进一步明确变频器输出电压采用 SPWM 调制的优势所在。

1.5.2   相关知识

1.5.2.1   PWM 脉宽调制的方式

PWM 脉宽调制的方式很多：由调制脉冲（调制波）的极性可分为单极性和双极性，由参考信号和载波信号的频率关系可分为同步调制方式和异步调制方式。参考信号为正弦波的脉冲宽度调制叫做正弦波脉冲宽度调制（SPWM）。

1.5.2.2 SPWM 宽度调制原理

A 单极性脉宽调制

单极性脉宽调制的特征是：参考信号和载波信号都为单极性的信号。输出的调制波是幅值不变、等距但不等宽的脉冲序列。SPWM 调制波的脉冲宽度基本上呈正弦分布，其各脉冲在单位时间内的平均值的包络线接近于正弦波，其调制波频率越高，谐波分量越小。

B 双极性脉宽调制

双极性脉宽调制方式的特征是：参考信号和载波信号均为双极性信号。

在双极性 SPWM 方式中，参考信号为对称可调频、调幅的单相或三相正弦波，由于参考信号本身具有正、负半周，无须反向器进行正负半波控制。双极性 SPWM 的调制规律相对简单，且不需分正负半周。

1.5.3 任务训练

1.5.3.1 训练目的

(1) 掌握 SPWM 的基本原理和实现方法。

(2) 熟悉与 SPWM 控制有关的信号波形。

1.5.3.2 训练所需挂件及附件

训练所需挂件及附件见表 1-7。

表 1-7 三相正弦波脉宽调制 SPWM 变频原理实验挂件、附件

序　号	型　　号	备　注
1	DJK01 电源控制屏	该挂件包含"三相电源输出"等几个模块
2	DJK13 三相异步电动机变频调速控制	
3	双踪示波器	
4	万用表	

A JK01 电源控制屏

DJK01 电源控制屏主要为实验提供各种电源，如三相交流电源、直流励磁电源等；同时为实验提供所需的仪表，如直流电压、电流表，交流电压、电流表。屏上还设有定时器兼报警记录仪，供教师考核学生实验之用；在控制屏正面的大凹槽内，设有两根不锈钢管，可挂置实验所需挂件，凹槽底部设有 12 芯、10 芯、4 芯、3 芯等插座，从这些插座提供有源挂件的电源；在控制屏两边设有单相三极 220V 电源插座及三相四极 380V 电源插座，此外还设有供实验台照明用的 40W 日光灯。

B 三相电网电压指示

三相电网电压指示主要用于检测输入的电网电压是否有缺相的情况，操作交流电压表下面的切换开关，观测三相电网各线间电压是否平衡。

C 定时器兼报警记录仪

定时器兼报警记录仪平时作为时钟使用，具有设定实验时间、定时报警和切断电源等功能，它还可以自动记录由于接线操作错误所导致的告警次数（具体操作方法详见 DJDK-

1 型电力电子技术及电机控制实验装置使用说明书）。

D 电源控制部分

电源控制部分的主要功能是控制电源控制屏的各项功能，它由电源总开关、启动按钮及停止按钮组成。当打开电源总开关时，红灯亮；当按下启动按钮后，红灯灭，绿灯亮，此时控制屏的三相主电路及励磁电源都有电压输出。

E 三相主电路输出

三相主电路输出可提供三相交流 200V/3A 或 240V/3A 电源。输出的电压大小由"调速电源选择开关"控制，当开关置于"直流调速"侧时，A、B、C 输出线电压为 200V，可完成电力电子实验以及直流调速实验；当开关置于"交流调速"侧时，A、B、C 输出线电压为 240V，可完成交流电机调压调速及串级调速等实验。在 A、B、C 三相电源输出附近装有黄、绿、红发光二极管，用以指示输出电压。同时在主电源输出回路中还装有电流互感器，电流互感器可测定主电源输出电流的大小，供电流反馈和过流保护使用，面板上的 TA1、TA2、TA3 三处观测点用于观测三路电流互感器输出电压信号。

F 励磁电源

在按下启动按钮后将励磁电源开关拨向"开"侧，则励磁电源输出为 220V 的直流电压，并有发光二极管指示输出是否正常，励磁电源由 0.5A 熔丝做短路保护，由于励磁电源的容量有限，仅为直流电机提供励磁电流，不能作为大容量的直流电源使用。

G 面板仪表

面板下部设置有 ±300V 数字式直流电压表和 ±5A 数字式直流电流表，精度为 0.5 级，能为可逆调速系统提供电压及电流指示；面板上部设置有 500V 真有效值交流电压表和 5A 真有效值交流电流表，精度为 0.5 级，供交流调速系统实验时使用。主控制屏面板图见图 1-43。

H DJK13 三相异步电动机变频调速控制

DJK13 可完成三相正弦波脉宽调制 SPWM 变频原理实验、三相马鞍波（三次谐波注入）脉宽调制变频原理实验、三相空间电压矢量 SVPWM 变频原理等实验，如图 1-44 所示。

a 显示、控制及计算机通讯接口

控制部分由"转向""增速""减速"三个按键及四个钮子开关等组成。

每次点动"转向"键，电机的转向改变一次，点动"增速"及"减速"键，电机的转速升高或降低，频率的范围为 0.5 ~ 60Hz，步进频率为 0.5Hz。0.5 ~ 50Hz 范围内是恒转矩变频，50 ~ 60Hz 为恒功率变频。

S1、S2、S3、S4 四个钮子开关为 U/f 函数曲线选择开关，每个开关代表一个二进制，将钮子开关拨到上面，表示"1"，将其拨到下面，表示"0"，从"0000"到"1111"共十六条 U/f 函数曲线。

在按键的下面有"S、V、P"三个插孔，它的作用是切换变频模式。当三个全部都悬空时，工作在 SPWM 模式下；当短接"V"、"P"时，工作在马鞍波模式下。当短接"S"、"V"时，工作在 SVPWM 模式下。

不允许将"S"、"P"插孔短接，否则会造成不可预料的后果。

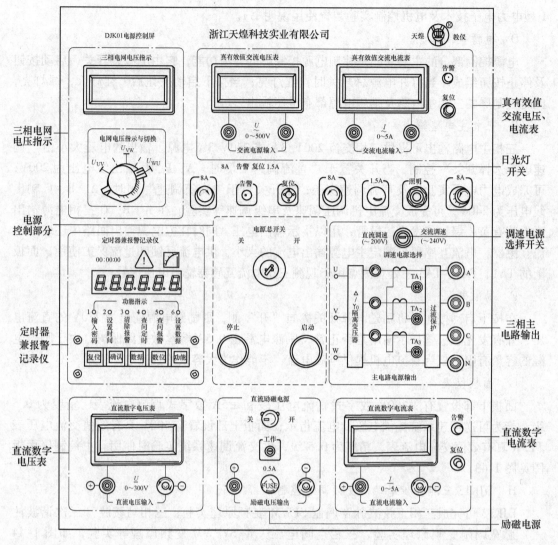

图 1-43　主控制屏面板图

通讯接口用于本挂件与计算机联机（操作方法详见附录），通过对计算机键盘和鼠标的操作，完成各种控制和在显示器上显示相应点的波形。使用时必须用本公司所附带的计算机插件板，专用软件与连接电缆。

b　电压矢量观察

使用"旋转灯光法"来形象表示 SVPWM 的工作方式。通过对"$V_0 \sim V_7$"八个电压矢量的观察，更加形象直观地了解 SVPWM 的工作过程。

c　磁通轨迹观测

在不同的变频模式下，其电机内部磁通轨迹是不一样的。面板上特别设有 X、Y 观测孔，分别接至示波器的 X、Y 通道，可观测到不同模式下的磁通轨迹。

d　PLC 控制接口

面板上所有控制部分（包括 U/f 函数选择，"转向""增速""减速"按键，"S、V、P"的切换）的控制接点都与 PLC 部分的接点一一对应，经与 PLC 主机的输出端相连，通

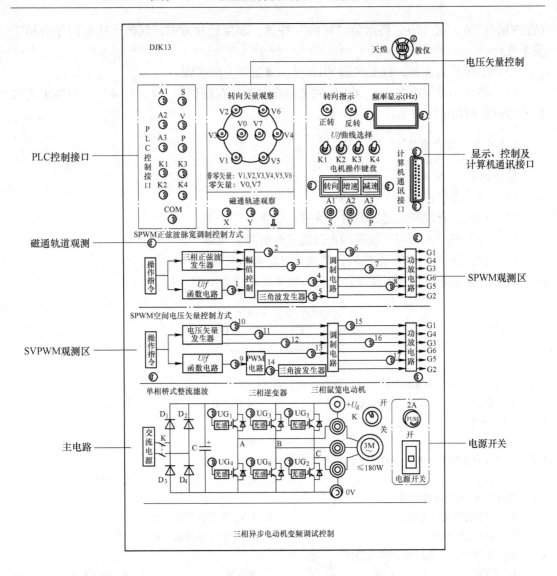

图 1-44　DJK13 面板图

过对 PLC 的编程、操作可达到希望的控制效果。

双踪示波器和万用表在过去使用和实训中多次使用，这里不再介绍。

1.5.4　任务实施

1.5.4.1　任务实施步骤

具体如下：

（1）接通挂件电源，关闭电机开关，调制方式设定在 SPWM 方式下（将控制部分 S、V、P 的三个端子都悬空），然后开启电源开关。

（2）点动"增速"按键，将频率设定在 0.5Hz，在 SPWM 部分观测三相正弦波信号（在测试点"2、3、4"），观测三角载波信号（在测试点"5"），三相 SPWM 调制信号

（在测试点"6、7、8"）；再点动"转向"按键，改变转动方向，观测上述各信号的相位关系变化。

（3）逐步升高频率，直至到达 50Hz 处，重复以上的步骤。

（4）将频率设置为在 0.5 ~ 60Hz 的范围内改变，在测试点"2、3、4"中观测正弦波信号的频率和幅值的关系。

1.5.4.2　注意事项

具体如下：

（1）注意安全；

（2）正确、合理使用实训器材、仪器、仪表；

（3）分析在 0.5 ~ 50Hz 范围内正弦波信号的幅值与频率的关系；

（4）分析在 50 ~ 60Hz 范围内正弦波信号的幅值与频率的关系；

（5）任务实施过程中保持整洁，任务结束后要清理实训环境。

习　题

1-1　目前，在中小型变频器中普遍采用的电力电子器件是（　　）。

　　A　SCR　　　　　　　B　GTO　　　　　　　C　MOSFET　　　　　　D　IGBT

1-2　IGBT 属于（　　）控制型元件。

　　A　电流　　　　　　　B　电压　　　　　　　C　电阻　　　　　　　　D　频率

1-3　变频器种类很多，其中按滤波方式可分为电压型和（　　）型。

　　A　电流　　　　　　　B　电阻　　　　　　　C　电感　　　　　　　　D　电容

1-4　PWM 控制方式的含义是（　　）。

　　A　脉冲幅值调制方式　　　　　　　　　　B　按电压大小调制方式

　　C　脉冲宽度调制方式　　　　　　　　　　D　按电流大小调制方式

1-5　正弦波脉冲宽度调制英文缩写是（　　）。

　　A　PWM　　　　　　　B　PAM　　　　　　　C　SPWM　　　　　　　D　SPAM

1-6　电压型变频器内部主电路由几部分组成？各部分都具有什么功能？

1-7　对电动机从基本频率向上的变频调速属于（　　）调速。

　　A　恒功率　　　　　　B　恒转矩　　　　　　C　恒磁通　　　　　　　D　恒转差率

1-8　矢量控制通用变频器具有较高的（　　）性能。

　　A　动态　　　　　　　B　静态　　　　　　　C　电压　　　　　　　　D　功率

1-9　简述脉宽调制逆变电路调压调频的原理。

1-10　什么是基本 U/f 控制方式？为什么在基本 U/f 控制基础上还要进行转矩补偿？

1-11　为什么二次方率负载通常不适合超工频运行？

1-12　变频器直流制动的三要素是什么？MM440 所对应的参数是哪三个？

1-13　回馈制动的条件有哪些？主要应用在什么场合？

学习情境 2 变频器的选型、安装与接线

【知识要点】

知识目标：

（1）知道生产机械类型及特性；

（2）根据负载特性，选择变频器的控制方式及容量；

（3）掌握变频器外围设备的种类、作用及选择；

（4）掌握变频器运行的环境条件及安装注意事项。

能力目标：

（1）MM420 变频器各端子功能，MM420 变频器的拆卸与安装；

（2）MM440 变频器各端子功能，MM440 变频器的拆卸与安装。

任务 2.1 变频器的选型

【任务要点】

（1）通用变频器的规格指标。

（2）生产机械类型及特性。

（3）根据负载特性，选择变频器的控制方式。

（4）变频器容量的选择。

2.1.1 任务描述与分析

2.1.1.1 任务描述

通用变频器的选择包括通用变频器的形式选择和容量选择两个方面，按照机械设备的类型、负载转矩特性等要求，决定选择何种控制方式的变频器；通过对容量相关参数的计算与校验，选择与负载相"匹配"的变频器。

2.1.1.2 任务分析

本任务介绍了变频器选型的目的、选型的主要方面。掌握变频器相关规格指标，变频器的控制方式，生产机械的主要类型、特点，能按照机械设备的类型、负载转矩特性等要求，决定选择何种控制方式的变频器；熟悉变频器容量的计算。

2.1.2 相关知识

采用通用变频器构成变频调速传动系统的主要目的，一是为了满足提高劳动生产率、

改善产品质量、提高设备自动化程度、提高生活质量及改善生活环境的要求；二是为了节约能源，降低生产成本。通用变频器生产商都可以提供不同类型的变频器，用户可以根据自己的实际工艺要求和应用场合选择不同类型的变频器。

通用变频器的选择包括通用变频器的形式选择和容量选择两个方面，选择的原则是：首先其功能特性能保证可靠地实现工艺要求，其次是获得较好的性能价格比。通用变频器的控制方式可分为4种类型：普通功能型 U/f 控制变频器、具有转矩控制功能的高功能型 U/f 控制变频器、矢量控制高性能型变频器及直接转矩控制变频器。通用变频器类型的选择要根据负载特性进行。对于风机、泵类等平方转矩，低速下负载转矩较小，通常可选择专用或普通功能型通用变频器。对于恒转矩类负载或有较高静态转速精度要求的机械应选用具有转矩控制功能的高功能型通用变频器，对于要求精度高、动态性能好、速度响应快的生产机械（如造纸机、注塑机、轧钢机等），应采用矢量控制或直接转矩控制型通用变频器。

大多数通用变频器的产品说明书中给出了额定电流、可用电动机功率和额定容量三个主要参数，只有额定电流是一个能反映通用变频器负载能力的关键参数，它是逆变器中半导体开关器件所能承受的电流耐量，通常是不允许连续过电流运行的。因此，电动机的额定电流不超过通用变频器的额定电流是选择变频器容量的基本原则。

2.1.2.1　通用变频器的规格指标

在选择通用变频器时会接触到生产厂商提供的产品样本，这些产品样本向用户介绍其通用变频器的系列型号、功能特点以及选择通用变频器所需要的功能和性能指标。

A　型号

通用变频器的型号一般包括电压等级和标准可适配电动机容量，可作为选择通用变频器的参考，订货时一般是根据该型号所对应的订货号订货。如：西门子 MM ECO 变频器，型号同样都是 MM ECO1—220/3，但对应的订货号不同，若是 6SE9516—0DB50 则是集成有 A 级 EMC 滤波器的三相 380V，适配 2.2kW 电动机的变频器；而订货号是 6ES9516—0DB40 则是不带集成有 A 级 EMC 滤波器的三相 380V，适配 2.2kW 电动机的变频器。

B　电压级别

普通通用变频器的电压级别分为 220V 级和 400V 级两种。用于特殊用途的还有 500V、600V、3000V 级等。一般是以适用电压范围给出，如 200V 级给出 208~240V，400V 级给出 380~480V 等。

C　最大适配电动机功率

通用变频器的最大适配电动机功率及对应的额定输出电流是以 4 极普通异步电动机为对象制定的，6 极以上电动机和变极电动机等特殊电动机的额定电流大于 4 极普通异步电动机，因此，在驱动 4 极以上电动机及特殊电动机时就不能依据功率指标选择变频器，要考虑通用变频器的额定输出电流是否满足所选用的电动机的额定电流。

D　额定输出指标

通用变频器的额定输出指标有额定功率、额定输入/输出电压、额定输出电流、额定输出频率和短时过载能力等内容。其中额定功率为通用变频器在额定输出电流下的三相视在输出功率；额定输出电压是通用变频器在额定输入条件下，以额定容量输出时，可连续输出的电压；额定输出电流则是通用变频器在额定输入条件下，以额定容量输出时，可连续输出的电流；短时过载能力是在规定的负载类型及过载运行时间内，在额定输入条件下，通用变频器可承受的最大电流。电流瞬时过载能力常设计成 150% 额定电流、1min 或 120% 额定电流、1min。与标准异步电动机相比较，变频器的过载能力较小，允许过载时间亦很短。

2.1.2.2 变频器类型选择

变频调速与机械变速存在本质上的区别，不能将某电动机由使用机械变速改为相同功率的变频调速，因为功率是转矩与转速的乘积。

机械变速（例如齿轮变速、皮带变速）时，若变比为 K，在电动机功率不变时，忽略变速器效率，即转速下降为原来的 $1/K$，而转矩可增大 K 倍，它属于恒功率负载。

在我国将工频 50Hz 以下的区间作为变频器的"恒转矩区"，即频率和转速成比例下降时，电动机为恒转矩特性；在 50Hz 以上的区间为"恒功率区"，即频率和转速越高，电动机转矩越小。常见的不同负载的机械特性如图 2-1 所示。

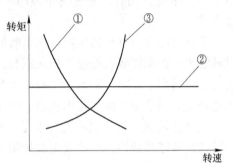

图 2-1　常见的不同负载的机械特性

图 2-1 中的曲线③为平方律负载（例如风机、水泵），曲线②为恒转矩负载（例如传送带），这两种负载在低于额定频率运行时，负载转矩没有增加，所以，当在额定频率以下时，可以按电动机功率大小配置变频器功率。

图 2-1 中的曲线①是恒功率负载（例如切削机床），低速时转矩增大，而变频器和电动机低于额定频率时电流被限制，转矩不能增大，所以在变频调速系统的低速区有可能会造成电动机带不动负载，选用时要根据减速造成转矩增大的比例，选用比原电动机功率大的电动机和变频器。例如原来 1.5kW 的电动机，负载转矩 9.18N·m，转速为 1460r/min，机械变速后转速降到 730r/min，转矩就可达到 18.36N·m，而与之配套的电动机和变频器不可能输出 18.36N·m 的转矩。因此，机械变速后电动机和变频器须增加的功率是：

$$P = M\omega = 18.36 \times \frac{2\pi}{60} \times 730 \approx 1383.6W \tag{2-1}$$

选用标准功率为 3.7kW 或 4kW 的电动机和变频器才能保证在低速区时输出要求的转矩。

选择变频器时应根据以下原则：

（1）电动机功率在 280kW 以上时应选择电流型变频器（多重化波形），75kW 以下的电动机应选择电压型变频器（PWM 波型），75~280kW 的电动机可根据实际情况决定。

（2）根据拖动设备的特性选择。机床类设备需要尽可能满足恒功率的硬特性，可选用专用电动机并配足变频器功率，尽可能选用矢量型变频器，并要求变频器带有制动电阻单元。风机、泵类等减力矩负载要选用专用变频器，便于节能运行。对于只需恒转矩的传动系统，选用通用、矢量或 U/f 型变频器均可。

变频器的正确选用对于机械设备及系统的正常运行是至关重要的，选择变频器时首先要满足机械设备的类型、负载转矩特性、调速范围、静态速度精度、启动转矩和使用环境的要求，然后决定选用何种控制方式和防护结构的变频器最合适。所谓合适是指在满足机械设备的实际生产工艺要求和使用场合的前提下，实现变频器应用的最大性能价格比。在实际中常根据负载转矩特性的不同，将生产机械分为三大类型。

A　恒转矩负载

在恒转矩负载中，负载转矩 T_L 与转速 n 无关，任何转速下 T_L 总保持恒定或基本恒定，负载功率则随着负载速度的升高而线性增大。多数负载具有恒转矩特性，但在转速精度及动态性能等方面一般要求不高，例如挤压机、搅拌机、传送带、厂内运输电车、吊车的平移机构、吊车的提升机构和提升机等。选型时可选 U/f 控制方式的变频器，最好采用具有转矩控制功能的变频器。起重机类负载的特点是启动冲击很大，因此要求变频器有一定余量。同时，在重物下放时会有能量回馈，因此要使用制动单元或采用共用母线方式。

变频器拖动具有恒转矩特性的负载时，低速时的输出转矩要足够大，并且要有足够的过载能力。如果需要在低速下稳速运行，应该考虑标准异步电动机的散热能力，避免电动机的温升过高。而对于不均性负载（其特性是负载有时轻有时重），应按照重负载的情况来选择变频器容量，例如轧钢机械、粉碎机械等。

大惯性负载（例如离心机、水泥厂的旋转窑）的惯性很大，启动时可能会振荡，电动机减速时有能量回馈，应该选用容量稍大的变频器来加快启动和避免振荡，并需配有制动单元消除回馈电能。

对于长期低速运转的系统，由于电动机发热量较多，风扇冷却能力降低，因此，必须采用加大减速比的方式或改为 6 级电动机，使电动机运转在较高频率附近。对于低速运行时要求较硬的机械特性和一定调速精度，而对动态性能方面无较高要求的系统，可选用具有转矩控制功能的高功能型变频器，以实现恒转矩负载的调速运行。另外，对于恒转矩负载下的驱动电动机，如果采用通用标准电动机，则应考虑低速下电动机的强迫通风冷却，避免电动机在低速运行时发热。

B　恒功率负载

恒功率负载的特点是负载转矩 T_L 与转速 n 大体成反比，但其乘积（即功率）却近似保持不变。金属切削机床的主轴和轧机、造纸机、薄膜生产线中的卷取机、开卷机等都属于恒功率负载。

负载的恒功率性质是针对一定的速度变化范围而言的，当速度很低时，受机械强度的限制 T_L 不可能无限增大，在低速下转变为恒转矩性质。负载的恒功率区和恒转矩区对传动方案的选择有很大的影响。电动机在恒磁通调速时，最大允许输出转矩不变，属于恒转矩调速；而在弱磁调速时，最大允许输出转矩与速度成反比，属于恒功率调速。如果电动机的恒转矩与恒功率调速的范围与负载的恒转矩和恒功率范围相一致，即所谓"匹配"的情况，则电动机的容量和变频器的容量均最小。

变频器可以选择通用型，采用 U/f 控制变频器已经够用；但对动态性能和精确度有较高要求的卷取机械，则必须采用有矢量控制功能的变频器。

C 二次方律负载

在各种风机、水泵、油泵中，随叶轮的转动，空气或液体在一定的速度范围内所产生的阻力大致与速度的 2 次方成正比。随着转速的减小，转矩按转速的 2 次方减小。这种负载所需的功率与速度的 3 次方成正比。由于流体类负载在高速时的需求功率增长过快，与负载转速的 3 次方成正比，所以不应使这类负载超工频运行。

流体类负载在过载能力方面的要求较低，由于负载转矩与速度的平方成反比，所以低速运行时的负载较轻。又因为这类负载对转速精度没有什么要求，故选型时通常以价格为主要考虑因素，应选择普通功能型变频器，只要变频器容量等于电动机容量即可，空压机、深水泵、泥沙泵、快速变化的音乐喷泉需要加大容量，目前已有为此类负载配套的专用变频器可供选用。

通用变频器的控制方式可分为 4 种类型：普通功能型 U/f 控制变频器、具有转矩控制功能的高功能型 U/f 控制变频器、矢量控制高性能型变频器及直接转矩控制变频器。变频器类型的选择，根据负载来进行。

风机、泵类负载，$T_L \propto n^2$，低速下负载转矩较小，常选择普通功能型。

恒转矩类负载，采用高功能型变频器实现恒转矩负载调速运行较理想。

轧钢、造纸、塑料薄膜加工线这一类对动态性能要求较高的生产机械，采用矢量控制高性能型通用变频器。

要求控制系统具有良好的动态、静态性能。如电力机车、交流伺服系统、电梯、起重机等领域，可选用具有直接转矩控制功能的专用变频器。

表 2-1 是对常见机械设备的负载特性和转矩特性的总结，表 2-2 归纳了通用变频器不同控制方式时的基本性能及应用场合，可供通用变频器选型时参考。

表 2-1 常见机械设备的负载特性和转矩特性

应 用		负载特性				负载转矩特性			
		摩擦性负载	重力负载	流体负载	惯性负载	恒转矩	恒功率	降转矩	降功率
流体机械	风机、泵类			√				√	
	压缩机			√		√			
	齿轮泵	√				√			
	压榨机				√	√			
	卷板机、拔丝机	√				√			
金属加工机床	自动车床	√							√
	转塔车床					√			
	车床及加工中心						√		√
	磨床、钻床	√				√			
	刨床	√					√		√
输送机械	电梯控制装置		√			√			
	电梯门	√				√			
	传送带	√				√			
	门式提升机		√			√			

应用		负载特性				负载转矩特性			
		摩擦性负载	重力负载	流体负载	惯性负载	恒转矩	恒功率	降转矩	降功率
输送机械	起重机、升降机升降		√			√			
	起重机、升降机平移	√				√			
	运载机					√			
	自动仓库	√				√			
加工机械	搅拌器			√		√			
	农用机械、挤压机					√			
	分离机				√				
	印刷机、食品加工机					√			
	商业清洗机								√
	鼓风机							√	
	木材加工机	√							√

表 2-2　通用变频器不同控制方式时的适应范围

控制方式	U/f = 常数		电压矢量控制	电流矢量控制		直接转矩控制
反馈装置	开环	PID 调节器	PID 调节器	开环或闭环	带 PG 或编码器	不要
调速比	1:40	1:60	1:100	1:100	1:1000	1:100
启动转矩	3Hz 时 150%	3Hz 时 150%	3Hz 时 150%	3Hz 时 150%	零转速时 150%	零转速时 200%
速度精度/%	±(0.2~0.3)	±(0.2~0.3)	模拟控制 0.1 数字控制 0.01	模拟控制 0.1 数字控制 0.01	模拟控制 0.1 数字控制 0.01	模拟控制 0.1 数字控制 0.01
转速上升时间	响应速度慢	响应速度慢	≤100ms	≤60ms	响应速度快	响应速度快
转矩控制	不能	不能	能	能	能	能
适用场合	风机、泵类等流体机械	自动保持压力、温度、流量等恒定调试控制	一般工业设备调速控制	所有应用场合调速控制	伺服控制、转矩控制	重载启动、转矩控制、转矩波动大的负载

2.1.2.3　变频器容量的选择计算

变频器容量的选择是一个重要且复杂的问题，要考虑变频器容量和电动机容量的匹配，容量偏小会影响电动机有效力矩的输出，影响系统的正常工作，甚至损坏装置；而容量偏大则电流的谐波分量会增大，也增加了设备投资。

变频器容量一般可以从三个角度来表示：额定电流、电动机的额定功率和视在功率。而变频器的额定电流是一个准确反映半导体变频装置负载能力的关键量。

选择变频器额定电流的基本原则是：电动机在运行的全过程中，变频器的额定电流应大于电动机可能出现的最大电流。

变频器容量的选择可分以下 3 步进行：

（1）了解负载性质和变化规律，计算出负载电流的大小或做出负载电流图。

（2）预选变频器容量。

（3）校验预选变频器。必要时进行过载能力和启动能力的校验，若都通过，则预选的变频器容量便选定了；否则从步骤（2）开始重新进行，直到通过为止。

A　连续恒载运转时所需的变频器容量（kV·A）的计算

$$P_{CN} \geq \frac{kP_M}{\eta\cos\varphi} \tag{2-2}$$

$$P_{CN} \geq k \times \sqrt{3}U_M I_M \times 10^{-3} \tag{2-3}$$

$$I_{CN} \geq kI_M \tag{2-4}$$

式中，P_M 为负载所要求的电动机的轴输出功率；η 为电动机的效率（通常约为 0.85）；$\cos\varphi$ 为电动机的功率因数（通常约为 0.75）；U_M 为电动机电压，V；I_M 为电动机电流，A，工频电源时的电流；k 为电流波形的修正系数（PWM 方式时取 1.05～1.0）；P_{CN} 为变频器的额定容量，kV·A；I_{CN} 为变频器的额定电流，A。

B　一台变频器传动多台电动机并联运行，变频器容量的计算

当变频器短时过载能力为 150%、1min 时，电动机加速时间在 1min 以内：

$$P_{CN} \geq \frac{2}{3} \times \frac{kP_M}{\eta\cos\varphi}\left[n_T + n_s(K_s - 1)\right] = \frac{2}{3}P_{CN1}\left[1 + \frac{n_s}{n_T}(K_s - 1)\right] \tag{2-5}$$

$$I_{CN} \geq \frac{2}{3}n_T I_M\left[1 + \frac{n_s}{n_T}(K_s - 1)\right] \tag{2-6}$$

当电动机加速时间在 1min 以上时：

$$P_{CN} \geq \frac{kP_M}{\eta\cos\varphi}\left[n_T + n_s(K_s - 1)\right] = P_{CN1}\left[1 + \frac{n_s}{n_T}(K_s - 1)\right] \tag{2-7}$$

$$I_{CN} \geq n_T I_M\left[1 + \frac{n_s}{n_T}(K_s - 1)\right] \tag{2-8}$$

式中，P_M 为负载所要求的电动机的轴输出功率；n_T 为并联电动机的台数；n_s 为同时启动的台数；η 为电动机效率（通常约为 0.85）；$\cos\varphi$ 为电动机功率因数（通常约为 0.75）；P_{CN1} 为连续容量，kV·A，$P_{CN1} = kP_M n_T/\eta\cos\varphi$；$K_s$ 为电动机启动电流/电动机额定电流；I_M 为电动机额定电流，A；k 为电流波形的修正系数（PWM 方式时取 1.05～1.10）；P_{CN} 为变频器容量，kV·A；I_{CN} 为变频器额定电流，A。

C　大惯性负载启动时变频器容量的计算

计算公式如下：

$$P_{CN} \geq \frac{kn_M}{9550\eta\cos\varphi}\left(T_L + \frac{GD^2 n_M}{375t_A}\right) \tag{2-9}$$

式中，GD^2 为换算到电动机轴上的总 GD^2，N·m²；T_L 为负载转矩，N·m；η 为电动机效率（通常约为 0.85）；$\cos\varphi$ 为电动机功率因数（通常约为 0.75）；t_A 为电动机加速时间，s，据负载要求确定；k 为电流波形的修正系数（PWM 方式取 1.05～1.10）；n_M 为电动机额定转速，r/min；P_{CN} 为变频器容量，kV·A。

2.1.3　知识拓展

在选择变频器时应注意以下事项：

（1）选择变频器时应以实际电动机电流值作为变频器选择的依据，电动机的额定功率只能作为参考。另外要充分考虑变频器的输出含有谐波，会造成电动机的功率因数变小，效率变差。所以在选择变频器时，应适当留有裕量，以防止温度过高，影响电动机的使用寿命。

（2）当变频器和电动机之间的接线超长时，随着变频器输出电缆长度的增加，其分布电容明显增大，从而造成变频器逆变输出的容性尖峰电流过大引起变频器的过电流保护动作，因此必须使用输出电抗器或 du/dt 滤波器或正弦波滤波器等装置对这种容性尖峰电流进行限制。

（3）当变频器用于控制并联的几台电动机时，一定要考虑变频器到电动机的电缆总和在变频器的允许范围内。如果超过规定值，要放大一挡或两挡来选择变频器。在此种情况下，变频器的控制方式只能为 U/f 控制方式，并且变频器无法保护电动机的过电流、过载，此时需要在每台电动机回路上设置过电流、过载保护。

（4）对于一些特殊的应用场合，如环境温度、高开关频率、高海拔等，应降容选择变频器，变频器需放大一挡选择。

（5）采用变频器控制高速电动机时，由于高速电动机的电抗小，谐波增加了输出电流值。因此，选择用于高速电动机的变频器时，应比普通电动机选择的变频器大一级。

（6）如果在变频调速系统中，为了扩大调速范围而必须选用多速电动机时，应使其最大额定电流在变频器的额定输出电流以下，在运行中不能改变极对数。

（7）在选择变频器时，一定要注意其防护等级是否与现场的情况相匹配，否则现场的灰尘、水汽会影响变频器的长期安全稳定运行。

（8）使用变频器驱动齿轮减速电动机时，使用范围受到齿轮转动部分润滑方式的制约。若为润滑油润滑时，在低速范围内没有限制；在超过额定转速的高速范围内，有可能发生齿轮减速机的机械和润滑故障。因此，不要超过齿轮减速机的最高转速允许值。

（9）变频器驱动绕线转子异步电动机时，由于绕线转子电动机与普通的笼型电动机相比，绕线转子电动机绕组的阻抗小。因此应选择比绕线转子电动机的容量大一级的变频器。

（10）在可以使用单相电源的情况下，三相小型电动机可选择"单相 220V 电源进线三相输出"的变频器，电动机可由原三相 380V 的丫接法，改为△接法，功率与原使用状态相同，这样选用更为经济。变频器输入端 R、S、T 与输出端 U、V、W 不能接错。

（11）在用变频器驱动同步电动机时，与工频电源相比，降低输出容量 10%~20%，变频器的连续输出电流要大于同步电动机额定电流与同步牵入电流标幺值的乘积。对于同步电动机负载，选择变频器的依据是电流、电压而不是功率。

（12）对于压缩机、振动机等转矩波动大的负载和油压泵等有峰值负载的机械设备，如果按照电动机的额定电流或功率值选择变频器，有可能发生因峰值电流使用电流保护动作。因此，应了解工频运行情况，选择比其最大电流大的变频器。

（13）当为驱动罗茨风机的电动机选择变频器时，由于其启动电流很大，所以选择变频器时一定要注意变频器的容量是否足够大。

（14）单相电动机不适用变频器驱动。

（15）变频器与供电电源之间应装设带有短路及过载保护的断路器、交流接触器，以免变频器发生故障时事故扩大。

（16）高海拔地区因空气密度降低，散热器不能达到额定散热效果，一般在 1000m 以上，每增加 100m 容量下降 10%，必要时可加大一级变频器容量，以免变频器过热。

（17）当变频器为降低电动机噪声而将调制频率设置较高，并超过出厂设置频率时，会造成变频器损耗增大。设置频率越高，损耗越大，因此要适当减载。

（18）若用一台变频器驱动多台电动机时，变频器容量应比多台电动机容量之和大，并且只能选择 F 控制模式，不能用矢量控制模式。

（19）当多台变频器的逆变单元共用一个整流、回馈单元时，即采用公共直流母线方式，有利于多台逆变器制动能量的储存和利用，此时整流、回馈单元的容量要足够大，并要设有防止变频器整流桥过载损坏的保护措施，在使用中，多台电动机不能同时制动。

（20）在启动、停止频繁的场合，不要用主电路电源的通、断来控制变频器的启动、停止，应使用变频器控制面板上的 RUN/STOP 键或 SF/SR 控制端子。因为变频器启动时，首先要给直流回路的大容量电解电容充电，如果频繁启动变频器势必造成电容充电用限流电阻发热严重，同时也缩短了大容量电解电容的使用寿命。

（21）变频器的端子"N"为中间直流回路的低电平段，严禁与三相四线制供电线路中的零线或大地相接，否则会造成三项整流桥因电源短路而损坏变频器。

（22）变频器的输出侧一般不能安装接触器，若必须安装，则一定要注意满足以下条件：变频器若正在运行中，严禁切换输出侧的接触器；要切换接触器必须等到变频器停止输出后才可以。

（23）遇有内装制动单元而需外加制动电阻的变频器，一定要注意制动电阻的正确接线。制动电阻要接在 P 与 DB 之间，不能接在 P、N 之间，否则会造成变频器的逆变器在未运行时三相整流桥满载工作，造成变频器无法正常工作，制动电阻也有烧毁的可能。

（24）机械制动器在变频调速系统中的正确使用。在脉宽调制（PWM）的变频器中，其输出频率与输出电压之比为一常数，即 $f/V = C$。在输出频率较低时，其输出电压也较低，如果机械制动器的电磁抱闸线圈接在 U、V、W 端，则在变频器低速时机械抱闸始终处于抱紧状态，变频器会因过载而跳闸，所以机械制动器的电磁线圈只能接在变频器的输出端 R、S、T 端。

（25）常规设计的自通风异步电动机在额定工况下及规定的环境温度范围内是不会超过额定温升的，但处于变频调速系统中，情况就有所不同。自通风异步电动机在 20Hz 以下运行时，转子风叶的冷却能力下降，若在恒转矩负载条件下长期运行，势必造成电动机温升增加，使调速系统的特性变坏。因此，当自通风异步电动机在低频运行并且拖动恒转矩负载时，必须采取强制冷却措施，改善电动机的散热能力，保证变频调速系统的稳定性。

2.1.4　任务实施

步骤 1：控制要求。连铸机大包盖旋转电动机容量为 3kW，额定电流为 5.8A，电动机的控制由 PLC 连锁的变频器控制。试选择变频器。

步骤 2：变频器容量的选择。在应用于大包盖旋转电动机的场合下，变频器的容量不仅要不小于电动机的容量，而且还要按电动机额定电流进行校核：

$$I_{CN} \geqslant (1.2 \sim 1.5)I_M$$

式中　I_{CN}——变频器的额定输出电流，A；

　　　I_M——电动机的额定电流，A。

则变频器的额定输出电流 $I_{CN} \geqslant (1.2 \sim 1.5) \times 5.8 \approx 7.0 \sim 8.7$A。

根据变频器的性能参数，变频器的容量选择为 4kW，额定输出电流为 10.2A。

步骤 3：变频器型号的选择。通过对几种变频器性能的比较，选择西门子的 MM440 通用变频器，型号为 6SE6440-ZVD24-OAB1。

步骤 4：变频器主要参数设定。变频器主要参数的设定如表 2-3 所示。

表 2-3　变频器主要参数设定

参 数 号	名　　称	设 定 值
P0300	电动机类型（异步）	1
P0304	额定电压/V	380
P0305	额定电流/A	5.8
P0307	额定功率/kW	3
P0310	额定频率/Hz	50
P0311	额定转速/r·min^{-1}	1460
P0700	端子输入	2
P1080	最小频率/Hz	0
P1082	最大频率/Hz	30
P1120	上升时间/s	5
P1121	下降时间/s	5
P1300	无速度传感器矢量控制	20
P1910	带参数修改的自动检测	1
P3900	结束快速调速，进行计算和复位	1
P0701	固定频率 + ON 正转	16
P0702	固定频率 + ON 反转	16
P1001	固定频率 1/Hz	+20
P1002	固定频率 1/Hz	-20
P1232	直流制动电流/%	70
P1233	直流制动时间/s	3
P1234	制动开始频率/Hz	10

2.1.5　任务训练

某化工厂一台原料搅拌机所用隔爆型三相异步电动机型号为 YB200L-8 型，15kW，配用减速机，减速比为 3∶1，要求输出轴转速为 245r/min。设备改造时取消了减速机，采用 18kW 通用变频器控制电动机，直接带动搅拌机运行，仍然实现原来的转速。但电动机启动不久就跳闸，搅拌机不能正常运行，试分析原因，提出解决方案。

任务2.2　变频器外围设备选择

【任务要点】

(1) 选择变频器外围设备的目的。

(2) 变频器外围设备的种类。

(3) 变频器外围设备的作用。

(4) 变频器外围设备的选择。

2.2.1　任务描述与分析

2.2.1.1　任务描述

变频器的运行离不开外围设备。这些外围设备通常都是选购件，合理选择变频器的外围设备是保证变频器正常运行的先决条件，以便构成更好的调速系统或节能系统。

2.2.1.2　任务分析

本任务介绍了常见变频器外围设备的种类、作用和选择原则。掌握选用外围设备的目的，外围设备的作用，外围设备的选择原则，能够根据实际控制系统选择合适的外围设备。

2.2.2　相关知识

在选定了变频器之后，下一步的工作是根据实际需要选择与变频器配合工作的各种外围设备。选用外围设备常是为了下述目的：提高变频器的某种性能，变频器和电动机的保护，减小变频器对其他设备的影响等。变频器的外围设备如图 2-2 所示。

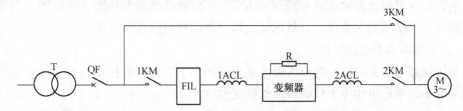

图 2-2　变频器的外围设备

T—电源变压器；QF—电源侧断路器；1KM—电源侧电磁接触器；FIL—无线电噪声滤波器；

1ACL—电动机侧交流电抗器；R—制动电阻；2KM—电动机侧电磁接触器；

3KM—工频电网切换用接触器；2ACL—电动机侧交流电抗器

2.2.2.1　输入变压器的选择

A　输入变压器的主要作用

电源输入变压器用于将高压电源变换到通用变频器所需的电压等级，如 220V 或 400V 等。

B　输入变压器的选择原则

由于变频器的输入电流含有一定量的高次谐波，使电流侧的功率因数降低，同时考虑到变压器的运行效率，则变压器常按式（2-10）计算：

$$变压器的容量（kV \cdot A）= \frac{变频器的输出功率}{变频器输入功率因数 \times 变频器效率} \tag{2-10}$$

式中，变频器功率因数在有输入交流电抗器时取 0.8 ~ 0.85，无输入电抗器时取 0.6 ~ 0.8，变频器的效率可取 0.95，变频器输出功率为所接电动机的总功率。

2.2.2.2　低压断路器的选择

A　低压断路器的主要作用

低压断路器又叫空气开关或空气断路器，可简称断路器。它集控制和多种保护功能与一体，在正常情况下可用于不频繁地接通和断开电路以及控制变频器的运行。当变频器电路中发生短路、过电流（过载）、失电压（欠电压）等故障时，能够自动切断故障电路，保护供电线路和变频器等电气设备。

B　低压断路器的选择原则

变频器在刚接通电源的瞬间，对电容器的充电电流可高达额定电流的 2 ~ 7 倍；变频器的进线电流是脉动电流，其最大值可能超过额定电流；变频器允许的过载能力一般为（150%，1min）；低压断路器失压保护的额定电压应等于供电线路的额定电压。为了避免误动作，电压断路器的额定电流 I_{QN} 应选为变频器额定电流 I_N 的 1.3 ~ 1.4 倍，即 $I_{QN} \geq (1.3 ~ 1.4)I_N$；低压断路器的额定电压应等于供电线路的额定电压。

2.2.2.3　交流接触器的选择

A　交流接触器的主要作用

交流接触器是一种自动的电磁式开关，它能通过按钮接通和断开交流接触器的线圈电路，从而控制交流接触器的接通和断开，达到控制变频器的通电和断电的目的。当变频器出现故障时，自动切断主电源，并且能防止掉电和故障后再重新启动。

B　交流接触器的选择原则

交流接触器主触头的额定电流、额定电压应不小于变频器的额定电流、额定电压，交流接触器线圈的额定电压等于控制线路的额定电压。

2.2.2.4　制动电阻的选择

A　制动电阻的主要作用

在异步电动机应设定频率突降而减速时，如果轴转速高于由频率所决定的同步转速，则异步电动机处于再生发电运行状态。运动系统中所存储的动能经逆变器回馈到直流侧，中间直流回路的滤波电容的电压会因吸收这部分回馈能量而提高。如果回馈能量较大，则有可能使变频器的过电压保护功能动作。利用制动电阻吸收电动机再生制动的再生电能，使电动机的制动能力提高。

B　制动电阻的选择原则

a　制动转矩的计算

计算公式如下：

$$T_{\mathrm{B}} = \frac{(GD_{\mathrm{M}}^2 + GD_{\mathrm{L}}^2)(n_1 - n_2)}{375 t_s} - T_{\mathrm{L}} \tag{2-11}$$

式中　GD_{M}^2——电动机的 GD_{M}^2，N·m²；

$\quad\quad GD_{\mathrm{L}}^2$——负载折算到电动机轴上的 GD_{M}^2，N·m²；

$\quad\quad T_{\mathrm{L}}$——负载转矩，N·m；

$\quad\quad n_1$——减速开始速度，r/min；

$\quad\quad n_2$——减速结束速度，r/min；

$\quad\quad t_s$——减速时间，s。

b　制动电阻阻值的计算

计算公式如下：

$$R_{\mathrm{BO}} = \frac{U_{\mathrm{C}}^2}{0.1047(T_{\mathrm{B}} - 0.2 T_{\mathrm{M}}) n_1} \tag{2-12}$$

式中　U_{C}——直流回路电压，V；

$\quad\quad T_{\mathrm{B}}$——制动转矩，N·m；

$\quad\quad T_{\mathrm{M}}$——电动机额定转矩，N·m；

$\quad\quad n_1$——开始减速时的速度，r/min。

如果系统所需制动转矩 $T_{\mathrm{B}} < 0.2 T_{\mathrm{M}}$，即制动转矩在额定转矩的 20% 以下时，则不需要另外的制动电阻，仅电动机内部的有功损耗的作用，就可使中间直流回路电压限制在过压保护的动作水平以下。

由制动晶体管和制动电阻构成的放电回路中，其最大电流受制动晶体管的最大允许电流 I_{C} 的限制。制动电阻的最小允许值 $R_{\min}$ 为：

$$R_{\min} = \frac{U_{\mathrm{C}}}{I_{\mathrm{C}}} \tag{2-13}$$

式中　U_{C}——直流回路电压，V。

因此，选用的制动电阻 R_{B} 应按：

$$R_{\min} < R_{\mathrm{B}} < R_{\mathrm{BO}} \tag{2-14}$$

的关系来决定。变频器的制动电阻的最小允许值视其容量不同而不同。

c　制动时平均消耗功率的计算

如前所述，制动中电动机自身损耗的功率相当于 20% 额定值的制动转矩，因此制动电阻器上消耗的平均功率 P_{ro} 可以按下式求出：

$$P_{\mathrm{ro}} = 0.1047 (T_{\mathrm{B}} - 0.2 T_{\mathrm{M}}) \frac{n_1 - n_2}{2} \times 10^{-3} \tag{2-15}$$

d　电阻器额定功率的计算

视电动机是否重复减速，制动电阻器额定功率的选择是不同的。图 2-3 所示为电动机减速模式。当非重复减速时，如图 2-3（b）所示，制动电阻的间歇时间 $T - t_s > 600\text{s}$。通常采用连续工作制电阻器，当间歇制动时，电阻器的允许功率将增加。允许功率增加系数 m 与减速时间的关系如图 2-4（b）所示。重复减速情况下，允许功率增加系数 m 和制动电阻使用率 $D = t_s/T$ 之间的关系曲线如图 2-4（a）所示。

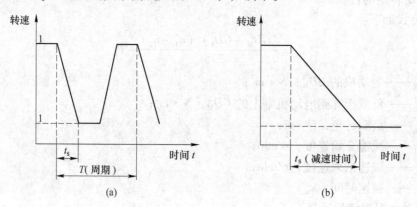

图 2-3　减速模式

（a）重复减速；（b）非重复减速

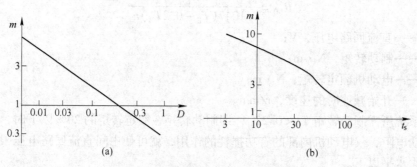

图 2-4　制动电阻允许功率增加系数

（a）重复减速情况；（b）非重复减速情况

根据电动机运行的模式，可以确定制动时的平均消耗功率和电阻器的允许功率增加系数，据此可以按式（2-16）求出制动电阻器的额定功率 P_r：

$$P_r = \frac{P_{ro}}{m} \tag{2-16}$$

根据计算得到的 R_{B0} 和 P_r，可在市场上选择合乎要求的标准电阻器。

2.2.2.5　电抗器的选择

A　电抗器的作用

根据使用目的不同，电抗器可分为输入电抗器和输出电抗器。接在电网电源与变频器输入侧之间的输入电抗器，其主要作用是改善系统的功率因数，实现变频器驱动系统与电源之间的匹配。而接在变频器输出端和电动机之间的输出电抗器，其主要作用则是为了降低电动机的运行噪声。三相交流电压经二极管整流和电容滤波后，将产生含有多次谐波成分的整流电流，其谐波成分影响到电网，从而造成公害。采用交流或直流电抗器可以有效地抑制这种谐波。

　　B　电抗器的选择原则

　　在变频情况下，输入电流的基波分量和电压之间的相位差角约为零，造成变频器输入侧功率因数下降的主要原因已不是相位差角，而是输入电流里包含的谐波分量，因此提高功率因数的方法不能靠增加电容补偿，而只能靠抑制输入电流的谐波分量。可在交流输入侧加装电抗器 L，或在直流侧加装电抗器。当电源容量为变频器容量的 10 倍以上或电源容量为 500kW·A 以上时，通常都采用交流电抗器。

　　在选择电抗器的容量 L 时，一般可以根据式（2-17）进行计算：

$$L = \frac{(2\% - 5\%)U_e}{2\pi fI_e} \tag{2-17}$$

式中，U_e 为额定电压，V；I_e 为额定电流，A；f 为最大频率，Hz。

　　（1）输入电抗器。在下述情况下，由于变频器和电源不匹配，会使变频器输入电流显著增加，并对变频器内部电路产生不良影响，应设置输入电抗器：

　　1）电源容量在 500kV·A 以上，并且为变频器的容量 10 倍以上时；

　　2）和采用了晶闸管的换相设备接在同一电源系统上时；

　　3）和焊接设备等畸变发生源接在同一电源系统上时；

　　4）存在大的电压畸变或电源电压不平衡时。

　　（2）输出电抗器。使用输出电抗器的主要目的是为了降低变频器输出中存在的谐波产生的不良影响，包括以下两方面的内容：

　　1）降低电动机噪声。在利用变频器进行调节控制时，由于谐波的影响，电动机产生的电磁噪声和金属噪声将大于采用电网电源直接驱动的电动机噪声。通过接入电抗器，可以将噪声由 70~80dB 降至 5dB 左右。

　　2）降低输出谐波的不良影响。当负载电动机的阻抗比标准电动机小时，随着电动机电流的增加，有可能出现过电流、变频器限流动作，以至于出现得不到足够大的转矩、效率降低及电动机过热等异常现象。当这些现象出现时，应该选用输出电抗器使变频器的输出平滑，以减小输出谐波产生的不良影响。

　　电抗器按电源性质分为直流电抗器和交流电抗器两种。交流电抗器具有提高功率因数、削弱由电源侧短暂的尖峰电压引起的冲击电流、削弱三相电压不平衡的影响的功能。常用的交流电抗器的规格见表 2-4。

表 2-4　常用交流电抗器的规格

电机容量/kW	30	37	45	55	75	90	110	132	160	200	220
允许电流/A	60	75	90	110	150	170	210	250	300	380	415
电感值/mH	0.32	0.26	0.21	0.18	0.13	0.11	0.09	0.08	0.06	0.05	0.05

　　直流电抗器可将功率因数提高到 0.9 以上，而且它还可削弱在电源侧通电瞬间的冲击电流。由于其体积较小，因此许多变频器已将直流电抗器直接装在变频器内。如果同时配用交流电抗器和直流电抗器，则可将变频器调速系统的功率因数提高至 0.95 以上。常用

直流电抗器的规格见表 2-5。

表 2-5　常用直流电抗器的规格

电机容量/kW	30	37~55	75~95	110~132	160~200	220	280
允许电流/A	60	150	220	280	370	560	740
电感值/μH	600	300	200	140	110	70	55

2.2.2.6　EMC 滤波器的选择

A　EMC 滤波器的作用

EMC：电磁兼容性，即设备或系统在其电磁环境中能正常工作且不对环境中的任何事物构成不能承受的电磁干扰的能力。

通常将谐波中 1kHz 以下的称为谐波，1MHz 左右的称为电磁噪声。交流或者直流电抗器抑制了变频器对于电网以及电网对于变频器的大部分干扰，还有一些干扰可采用 FIL 滤波器。FIL 滤波器用于限制变频器因高次谐波对外界的干扰。可酌情选用。

B　EMC 滤波器的选择原则

a　输入侧噪声滤波器

输入侧噪声滤波器是由电容和电感组成的复合电路，它对谐波的滤除作用优于单纯的电抗器。如果需要加装滤波器，建议选用变频器厂家推荐的型号。输入侧噪声滤波器的安装位置在变频器前，在其他低压电器之后。如果装设了输入侧交流电抗器，则滤波器应该在电抗器之后。

b　输出侧噪声滤波器

针对输出侧高频干扰，可采取的对策有两种：一是减少和抑制高频载波的成分；二是阻断载波干扰的传播途径。加装输出侧噪声滤波器属于第一种对策，减少载波成分的对策。

输出侧噪声滤波器通常由电感、电容和电阻组成复合电路，选择时建议选用变频器厂家推荐的规格型号。输出侧噪声滤波器的安装位置在变频器的输出侧最靠近变频器的位置。

与阻断载波干扰途径的对策相比，输出滤波器成本比较高，因此应该只在阻断方式难以发挥作用时采用。

2.2.3　知识拓展

2.2.3.1　MM440 变频器各种独立的可选件

A　基本操作板（BOP）

基本操作板 BOP 用于设定各种参数的数值，数值的大小和单位用 5 位数字显示，一个 BOP 可供几台变频器共用，它可以直接安装在变频器上，也可以利用一个安装组合件安装在控制柜的柜门上。

B　高级操作板（AOP）

高级操作板 AOP 可以读出变频器参数设定值，也可以将参数设定值写入变频器。AOP

最多可以储存 10 组参数设定值，还可以用几种语言相互切换显示说明文本。一个 AOP 通过 USS 协议最多可以控制 31 台变频器，它可以直接安装在变频器上，也可以利用一个安装组合件安装在控制柜的柜门上。

C　PROFIBUS 模块

PROFIBUS 的控制操作速率可达 12Mbit/s，AOP 和 BOP 可以插在 PROFIBUS 模板上，提供操作显示，PROFIBUS 模板可以用外接的 24V 电源供电，这样，当电源从变频器上卸掉时，总线仍然是激活的。

PROFIBUS 模板利用一个 9 针的 SUB-D 型插接器进行连接。

D　PC 至变频器的连接件

如果 PC 已经安装了相应的软件（如 Drive Monitor），就可以从 PC 直接控制变频器。带隔离的 RS-232 适配器板可实现与 PC 的点对点控制。

E　PC 至 AOP 的连接件

PC 至 AOP 的连接件用于 AOP 与 PC 的连接，由此可以进行变频器的离线编程和参数设定。连接件包括一个 AOP 的桌面安装组合附件，一条 RS-232 标准电缆和一个通用电源。

F　柜门上安装 BOP/AOP 的组合件

适用于单台变频器的控制，此组合件用于控制柜的柜门上安装 BOP/AOP，还有一个电缆匹配板，用于同用户电缆的连接，它的端子接线不用螺钉。

G　柜门上安装 AOP 的组合件

适用于多台变频器的控制，此组合件用于在控制柜的柜门上安装 AOP。利用 RS-485USS 协议，AOP 可实现与若干台变频器的通信。

H　调速工具"Starter"和"Drive Monitor"软件

Starter 软件是作为西门子 MICROMASTER 变频器的调试运行向导的启动软件，它可以对参数表进行读出、更替、存储、输入和打印等操作。Drive Monitor 软件具有类似的功能。

2.2.3.2　MM440 变频器各种附属的可选件

A　EMC 滤波器，A 级

这是无内置滤波器的变频器可选的滤波器，规格有：

（1）200～240V 三相交流，A 型和 B 型尺寸；

（2）380～480V 三相交流，A 型尺寸。

B　低泄漏的 B 级滤波器

这是无内置滤波器的变频器可选的滤波器，规格有：

（1）200～240V 三相交流，A 型和 B 型尺寸；

（2）380～480V 三相交流，A 型尺寸。

C　附加的 EMC 滤波器，B 级

这是具有内置 A 级 EMC 滤波器的变频器可选的滤波器，外形尺寸有 A、B、C 型。

D　低放电电流的 B 级滤波器

这是 200～240V 单相交流 A 型和 B 型尺寸、无内置 A 级滤波器的变频器可选的 EMC

滤波器。

E　线路换流电抗器

线路换流电抗器用于滤掉电压峰值或桥式整流换相产生的电压凹陷。此外线路换流电抗器可以降低谐波对变频器和供电电源的影响。如果线路阻抗小于 1%，建议采用线路换流电抗器以降低电流尖峰值。

F　输出电抗器

当电动机电缆长度大于 50m（屏蔽线）或 100m（非屏蔽线）时，使用输出电抗器能降低容性电流和电压变化率。

任务 2.3　通用变频器的安装与接线

【任务要点】

（1）通用变频器基本特点及用途。

（2）通用变频器运行的环境条件。

（3）通用变频器安装的注意事项。

2.3.1　任务描述与分析

2.3.1.1　任务描述

通过变频器的规范安装和正确接线，克服环境温度、湿度、电磁干扰等因素对变频器的影响，实现变频器的正常控制。

2.3.1.2　任务分析

本任务介绍了通用变频器的安装环境，通用变频器的安装方式与散热处理方法，掌握通用变频器标准接线和控制回路端子接线的注意事项，实现变频器正常工作的目的。

2.3.2　相关知识

2.3.2.1　通用变频器的安装环境

A　环境温度

变频器与其他电子设备一样，对周围环境温度有一定的要求，一般为 −10 ~ +50℃。由于变频器内部是大功率的电子器件，极易受到工作温度的影响，但为了保证变频器工作的安全性和可靠性，使用时应考虑留有余地，最好控制在 40℃ 以下；40 ~ 50℃ 之间降额使用，每升高 1℃，额定输出电流须减少 1%。如环境温度太高且温度变化大时，变频器的绝缘性会大大降低，影响变频器的寿命。

B　环境湿度

变频器与其他电气设备一样对环境湿度有一定要求，变频器的周围空气相对湿度一般为"20% ~ 90% RH"，根据现场工作环境必要时须在变频柜箱中加放干燥剂和加热器。

C 振动和冲击

变频器在运行的过程中，要注意避免受到振动和冲击，设置场所的振动加速度应限制在 0.6g 以内。变频器是由很多元器件通过焊接、螺丝连接等方式组装而成，当变频器或装变频器的控制柜受到机械振动或冲击时，会导致焊点、螺丝等连接器件或连接头松动或脱落，引起电气接触不良甚至造成短路等严重故障。因此，变频器运行中除了提高控制柜的机械强度、远离振动源和冲击源外，还应在控制柜外加装抗震橡皮垫片，在控制柜内的器件和安装板之间加装缓冲橡胶垫，减震。

一般在设备运行一段时间后，应对控制柜进行检查和维护。

D 电气环境

a 防止电磁波干扰

变频器的电气主体是功率模块及其控制系统的硬软件电路，这些元器件和软件程序受到一定的电磁干扰时，会发生硬件电路失灵、软件程序乱飞等造成运行事故。所以为了避免电磁干扰，变频器应根据所处的电气环境，有防止电磁干扰的措施。例如：输入电源线、输出电机线、控制线应尽量远离；容易受影响的设备和信号线，应尽量远离变频器安装；关键的信号线应使用屏蔽电缆，建议屏蔽层采用 360° 接地法接地。

b 防止输入端过电压

变频器的主电路是由电力电子器件构成的，这些器件对过电压十分敏感，变频器输入端过电压会造成主元件的永久性损坏。例如有些工厂自带发电机供电，电网波动会比较大，所以对变频器的输入端过电压应有防范措施。

E 海拔高度

变频器安装在海拔高度 1000m 以下可以输出额定功率。但海拔高度超过 1000m，其输出功率会下降。如果变频器安装地点的海拔高度超过 1000m，变频器输出电流减少，海拔高度为 4000m 时，输出电流为 1000m 时的 40%。变频器安装地点的海拔高度 H 与输出电流 I_{OUT} 的关系对比如图 2-5 所示。

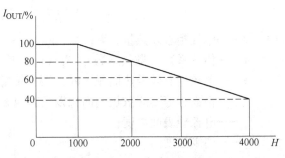

图 2-5 变频器安装地点的海拔高度与输出电流对比图

F 其他环境

避免变频器安装在雨水滴淋或结露的地方，防止粉尘、棉絮及金属细屑侵入，避免变频器安装在油污和盐分多的场合，远离放射性物质及可燃物。

2.3.2.2 通用变频器的安装方式与散热处理

变频器在运行过程中有功率损耗，并转换为热能，使自身的温度升高。粗略地说，每 1kV·A 的变频器容量，其损耗功率约为 40～50W。因此，安装变频器时要考虑变频器散热问题，要考虑如何把变频器运行时产生的热量充分地散发出去，因此要讲究安装方式。

A　壁挂式安装与散热处理

变频器的外壳设计比较牢固，一般情况下，允许直接安装在墙壁上，称为壁挂式。

所有变频器都必须垂直安装，变频器可以一个挨一个地并排安装。变频器的上下左右都至少要留有 100mm 的间隙，如图 2-6 所示。变频器不同的框架尺寸允许上、下间隙不同，须按手册中要求进行安装。为了保证通风良好，需确认变频器的冷却风口处于正确的位置，不能妨碍空气的流通，在变频器附近不要安装有对冷却空气流通造成负面影响的其他设备。为了防止杂物掉进变频器的出风口阻塞风道，在变频器出风口的上方最好安装挡板。

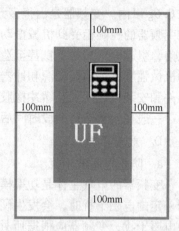

图 2-6　壁挂式变频器安装示意图

B　柜式安装方式与散热处理

当现场的灰尘过多，湿度比较大，或变频器外围配件比较多，需要和变频器安装在一起时，可以采用柜式安装。变频器柜式安装是目前最好的安装方式，因为可以起到很好的屏蔽辐射干扰，同时也能防灰尘、防潮湿、防光照等。

变频器安装在电控柜里时应该注意散热问题，变频器的最高允许温度为 $T_{max} = 50℃$ ，如果电控柜周围的温度 $T_a = 40℃$ （最大），则必须使柜内温度在 $T_{max} - T_a = 10℃$ 以下。电控柜如果不采用强制换气时，变频器发出的热量由柜表面自然散热，这时，散热所需要的电控柜有效表面积 S 用式（2-18）计算：

$$S = \frac{Q}{h(T_s - T_a)} = \frac{Q}{50} \tag{2-18}$$

式中　Q——电控柜总发热量，W；

　　　h——传热系数（散热系数），$W/(m^2 \cdot K)$；

　　　S——电控柜有效散热面积，m^2，要去掉靠近地面、墙壁的面积、并列柜时的并排柜面积等不能散热的面积以及其他影响散热的面积；

　　　T_s——电控柜表面温度；

　　　T_a——周围温度。

通过式（2-18）计算可知，只靠电控柜自然散热进行设计，其结构将大得惊人。因此，变频器安装在电控柜里最好设置换气扇，采用强制换气。采用换气扇的散热效果是自然对流散热无法比拟的。使用强迫换气时，应注意下列要点：

使电控柜强制换气时，应避免吸入外部空气时同时吸入尘埃，所以在入口处应设有空气过滤器，在门扉部有屏蔽垫，在电缆引入口设有精梳板，当引入电缆之后，就会密封起来。

有空气过滤器时，如吸入口的面积太小，则吸入的风速增高，致使过滤器在短时间内堵塞；而且压力损失增高，导致降低风扇的换气能力。

因担心由于电源电压的波动而使风扇的能力减低，应该选定约有 20% 裕量的风扇。

因热空气会从下往上流动，所以应采用使换气从电控柜的下部供给空气，向上部排气的结构。

需要在邻近并排安装两台或多台变频器时，必须留有足够距离，竖排安装时，其间隔至少为 50cm，两台变频器之间加隔板，以增加上部变频器的散热效果，如图 2-7 所示。

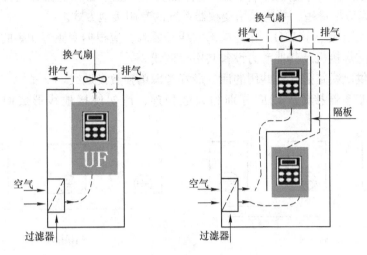

图 2-7　电控柜强制换气安装图

2.3.2.3　通用变频器标准接线

A　主电路接线

a　主电路电源端子（L_1、L_2、L_3）

交流电源通过断路器或者漏电保护的断路器连接至主电路电源端子（L_1、L_2、L_3），电源连接无须考虑相序。

交流电源最好通过一个电磁接触器连接至变频器，以防止有故障时扩大事故或损坏变频器。

不要用主电源开关的接通和断开来启动和停止变频器。

不要将三相变频器连接至单相电源。

b　变频器输出端子（U、V、W）

变频器输出端子（U、V、W）按正确相序连接至三相电动机。

不要将功率因数校正电容器或浪涌吸收器连接至变频器的输出端，更不要将交流电源连接至变频器的输出端，这样会损坏变频器。

B　直流电抗器连接端子

直流电抗器连接端子接改善功率因数用的直流电抗器，端子上连接有短路导体，使用直流电抗器时，先要取出此短路导体。

注意：不使用直流电抗器时，该导体就不用去掉。

C　制动单元连接端子

一般小功率变频器（0.75 ~ 15kW）内置制动电阻，而 18.5kW 以上制动电阻须外置。

D　直流电源输入端子

外置制动单元的直流输入端子，分别为直流母线的正负极。

E　接地端子

变频器会产生漏电流，载波频率越大，漏电流越大。变频器整机的漏电流大于 3.5mA，漏电流的大小由使用条件决定，为保证安全，变频器和电机必须接地。接地导线应尽量粗，距离应尽量短，并应采用变频器系统的专用接地方式。

（1）接地电阻应小于 10Ω。接地电缆的线径要求，应根据变频器功率的大小而定。

（2）切勿与焊接机及其他动力设备共用接地线。

（3）如果供电线路是零地共用的话，最好考虑单独敷设地线。

（4）多台变频器接地，则应分别和大地相连，请勿使接地线形成回路，如图 2-8 所示。

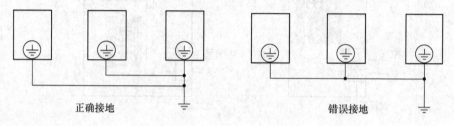

正确接地　　　　　　　　　　错误接地

图 2-8　接地合理化配线

2.3.2.4　控制回路端子接线

由于低压变频器控制回路电缆的过电流一般都很小，所以控制回路电缆的尺寸规格可以规范化，为避免干扰引起的误动作，控制回路连接线应采用绞合的屏蔽线。表 2-6 为国内某品牌变频器的控制回路用线尺寸规格。

表 2-6　控制回路用线尺寸规格

控制回路端子名称	端子螺钉	导线线径/mm²	导线种类
模拟输入端子	M3	0.5 ~ 1.25	多股屏蔽线
开关输入端子			
开关输出端子			
模拟输出端子			
辅助电源端子			
上位机通讯端子			
公共端（GND、COM）	M3	0.5 ~ 2	

（1）控制线与主回路电缆铺设。变频器控制线与主回路电缆或其他电力电缆分开铺设，且尽量远离主电路 100mm 以上；尽量不和主电路电缆平行铺设，不和主电路交叉，必须交叉时，应采取垂直交叉的方法。

（2）电缆的屏蔽。变频器电缆的屏蔽可利用已接地的金属管或者带屏蔽的电缆。屏蔽层一端接变频器控制电路的公共端（com），但不要接到变频器地端（E），屏蔽层另一端悬空。

（3）开关量控制线。变频器开关量控制线允许不使用屏蔽线，但同一信号的两根线必须互相绞在一起，绞合线的绞合间距应尽可能小。并将屏蔽层接在变频器的接地端 E 上，信号线电缆最长不得超过 50m。

（4）控制回路的接地。弱电压电流回路的电线取一点接地，接地线不作为传送信号的电路使用；电线的接地在变频器侧进行，使用专设的接地端子，不与其他的接地端子共用。

2.3.3　知识拓展

2.3.3.1　变频器装置的防雷击措施有哪些

现在的变频器产品，一般都设有雷电吸收网络，主要用来防止因瞬间的雷电侵入，使变频器损坏。但是在实际工作中，特别是电源线架空引入的情况下，单靠变频器自带的雷电吸收网络是不能满足要求的，还需要设置变频器专用避雷器。具体措施有：

（1）可在电源进线处装设变频专用避雷器（选件）；

（2）或按规范要求在离变频器 20m 的远处预埋钢管做专用接地保护；

（3）如果电源是电缆引入，则应做好控制室的防雷系统，以防雷电窜入破坏设备。

2.3.3.2　变频器是否允许电源（中性点）不接地（IT）时运行

MICROMASTER 变频器可以在供电电源的中性点不接地的情况下运行，而且，当输入线中有一相接地短路时仍可继续运行。如果输出有一相接地，MICROMASTER 将跳闸，并显示故障码 F0001。电源（中性点）不接地时需要从变频器中拆掉丫形接线的电容器，并安装一台输出电抗器。

2.3.3.3　安装了剩余电流保护器的变频器有何要求

如果安装了剩余电流保护器 RCD，不会再为 MICROMASTER 变频器运行中不应有的跳闸而烦恼，但要求如下：

（1）采用 B 型 RCD；

（2）RCD 的跳闸限定值是 300mA；

（3）供电电源的中性点接地；

（4）每台 RCD 只为一台变频器供电；

（5）输出电缆的长度不超过 50m（屏蔽的）或 100m（不带屏蔽的）。

2.3.3.4　使用电缆长度有何要求

电缆长度按以下要求配置时，所有型号的变频器都将按照技术规格的数据满负载运行：

（1）框架尺寸 A 至 F 带屏蔽的 50m；不带屏蔽的 100m。

（2）框架尺寸 FX 和 GX 带屏蔽的 100m；不带屏蔽的 150m。

（3）如果采用产品样本 DA51.2 中指定的输出电抗器，以下电缆长度可适用于所有框架尺寸：带屏蔽的 200m，不带屏蔽的 300m。

2.3.3.5　如何做好变频器电磁干扰（EMI）的防护

变频器的设计允许它在具有很强电磁干扰的工业环境下运行。通常，如果安装的质量良好，就可以确保安全和无故障的运行。如果在运行中遇到问题，必须按下面指出的措施进行处理。

（1）确信机柜内的所有设备都已用短而粗的接地电缆可靠地连接到公共的星形接地点或公共的接地母线。

（2）确信与变频器连接的任何控制设备（例如 PLC）也像变频器一样，用短而粗的接地电缆连接到同一个接地网或星形接地点。

（3）由电动机返回的接地线直接连接到控制该电动机的变频器的接地端子（PE）上。

（4）接触器的触头最好是扁平的，因为它们在高频时阻抗较低。

（5）截断电缆的端头时应尽可能整齐，保证未经屏蔽的线段尽可能短。

（6）控制电缆的布线应尽可能远离供电电源线，使用单独的走线槽；在必须与电源线交叉时，相互应采取 90°直角交叉。

（7）无论何时，与控制回路的连接线都应采用屏蔽电缆。

（8）确信机柜内安装的接触器应是带阻尼的，即在交流接触器的线圈上连接有 R-C 阻尼回路，在直流接触器的线圈上连接有"续流"二极管。安装压敏电阻对抑制过电压也是有效的。当接触器由变频器的继电器进行控制时，这一点尤其重要。

（9）接到电动机的连接线应采用屏蔽的或带有铠甲的电缆，并用电缆接线卡子将屏蔽层的两端接地。

密封盖板组合件是作为可选件供货的，该组合件便于屏蔽层的连接。有密封盖板组合件变频器的安装方法请参看随变频器供货的 CD 光盘中有关密封盖板的安装说明。

如果没有密封盖，变频器可以按图 2-9 的方法连接电缆的屏蔽层。

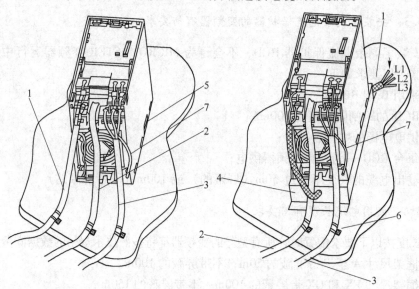

图 2-9　变频器无密封盖时屏蔽层的接线
1—输入电源线；2—控制电缆；3—电动机电缆；
4—背板式滤波器；5—金属底板；6—卡子；7—屏蔽电缆

MM440 变频器框架尺寸为 FX 和 GX 时，导线的屏蔽层与接线图中的屏蔽层连接端子应可靠连接。为此，把电动机电缆的屏蔽层绞在一起，并把所有电缆用螺钉一起固定到电机电缆屏蔽层连接端子上。

在采用 EMI（电磁干扰）滤波器时，必须接入进线电抗器。电缆的屏蔽层应紧固在紧靠电抗器的金属安装面板上。

2.3.4　任务实施

步骤 1：变频器的机械安装。将框架尺寸为 A 的变频器装置安装到标准导轨上，安装好附加选件。

步骤 2：电源和电动机的连接。

（1）电动机与电源连接前的注意事项：

1）变频器必须接地。

2）在变频器与电源线连接或更换变频器的电源线之前，应断开主电源。

3）确信变频器与电源电压的匹配是正确的：不允许把 MICROMASTERS 变频器连接到电压更高的电源。

4）连接同步电动机或并联连接几台电动机时，变频器必须在 U/f 控制特性下（P1300 ＝ 0、2 或 3）运行。

（2）电源和电动机端子的接线和拆卸。在卸下盖板以后，就可以在变频器的电源接线端子和电动机接线端子上拆卸和连接导线。

电源和电动机的接线必须按照图 2-10 所示的方法进行。

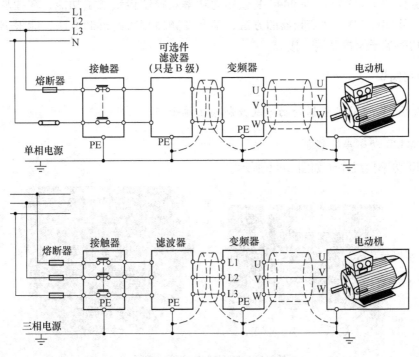

图 2-10　电动机和电源的接线方法

（3）控制端子的接线和拆卸。在拆下前盖板以后，可以拆卸和连接变频器控制端子。

2.3.5　任务训练

按图 2-10 接好熔断器、接触器、滤波器线路，并将各设备的接地线连接好。

任务 2.4　MM420、MM440 变频器的安装与接线

【任务要点】

（1）MM420 变频器各端子功能。

（2）MM420 变频器拆卸与安装。

（3）MM440 变频器各端子功能。

（4）MM440 变频器拆卸与安装。

2.4.1　任务描述与分析

2.4.1.1　任务描述

通过从导轨上卸下或安上 MM420、MM440 变频器，拆卸变频器端盖，正确进行功率端子及控制端子接线是实现变频器的工艺控制的前提。

2.4.1.2　任务分析

本任务介绍了 MM420、MM440 变频器的功率及控制接线端子功能，掌握从导轨上卸下或安上 MM420、MM440 变频器的方法，学会变频器端盖的拆卸方法，能根据控制要求正确进行功率端子及控制端子接线。

2.4.2　相关知识

2.4.2.1　MM420 变频器的功率及控制接线端子

A　MM420 功率接线端子

MM420 功率接线端子如图 2-11 所示。

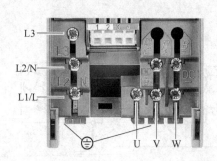

图 2-11　MM420 功率接线端子

L1/L、L2/N、L3：三相电源输入端。

U、V、W：变频器输入端。

B　MM420 控制接线端子及其名称

MM420 接线端子及其名称如表 2-7 所示，MM420 接线端子位置如图 2-12 所示。

表 2-7　MM420 控制端子

端子号	标　识	功　　能	端子号	标　识	功　　能
1	–	输出 +10V	9	–	带电位隔离的输出 0V/最大
2	–	输出 0V	10	RL1-B	数字输出/NO（常开）触头
3	ADC+	模拟输入（+）	11	RL1-C	数字输出/切换触头
4	ADC–	模拟输入（–）	12	DAC+	模拟输出（+）
5	DIN1	数字输入 1	13	DAC–	模拟输出（–）
6	DIN2	数字输入 2	14	P+	RS485 串行接口
7	DIN3	数字输入 3	15	N–	RS485 串行接口
8	–	带电位隔离的输出 +24V/最大			

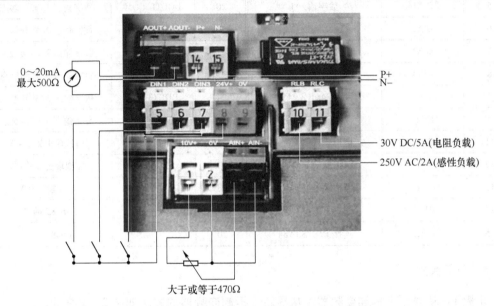

图 2-12　MICROMASTER 420 变频器控制端子位置图

2.4.2.2　MM440 变频器的功率及控制接线端子

MM440 功率接线端子如图 2-13 所示。

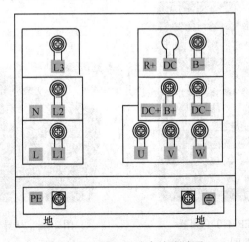

图 2-13　MM440 功率接线端子

MM440 接线端子及其名称如表 2-8 所示，MM440 接线端子位置如图 2-14 所示。

表 2-8　MM440 控制端子

端子	名　称	功　能	端子	名　称	功　能
1		输出 +10V	16	DIN5	数字输入 5
2		输出 0V	17	DIN6	数字输入 6
3	ADC1 +	模拟输入 1（+）	18	DOUT1/NC	数字输出 1/常闭触点
4	ADC1 −	模拟输入 1（−）	19	DOUT1/NO	数字输出 1/常开触点
5	DIN1	数字输入 1	20	DOUT1/COM	数字输出 1/转换触点
6	DIN2	数字输入 2	21	DOUT2/NO	数字输出 2/常开触点
7	DIN3	数字输入 3	22	DOUT2/COM	数字输出 2/转换触点
8	DIN4	数字输入 4	23	DOUT3/NC	数字输入 3/常闭触点
9		隔离输出 +24V	24	DOUT3/NO	数字输入 3/常开触点
10	ADC2 +	模拟输入 2（+）	25	DOUT3/COM	数字输入 3/转换触点
11	ADC2 −	模拟输入 2（−）	26	DAC2 +	模拟输出 2（+）
12	DAC1 +	模拟输出 1（+）	27	DAC2 −	模拟输出 2（−）
13	DAC1 −	模拟输出 1（−）	28		隔离输出 0 V
14	PTCA	连接 PTC/KTY84	29	P +	RS485 端口
15	PTCB	连接 PTC/KTY84	30	P −	RS485 端口

2.4.3　任务实施

步骤 1：从导轨上拆卸变频器。从导轨上拆卸变频器的方法如图 2-15 所示。

（1）为了松开变频器的释放机构，将螺丝刀插入释放机构中。

（2）向下施加压力，导轨的下闩销就会松开。

（3）将变频器从导轨上取下。

图 2-14　MICROMASTER 440 变频器
　　　　控制端子位置图

图 2-15　从导轨上拆卸变频器

步骤 2：将框架尺寸为 A 的变频器装置安装到标准导轨上。把变频器安装到 35mm 的标准导轨上的方法如图 2-16 所示。

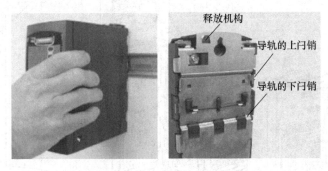

图 2-16 变频器安装到导轨

（1）用导轨的上闩销把变频器固定到导轨的安装位置上。

（2）向导轨上按压变频器，直到导轨的下闩销嵌入到位。

步骤 3：盖板的拆卸。MM420 盖板的拆卸方法如图 2-17 所示。

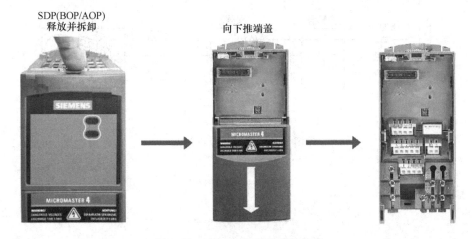

图 2-17 MM420 盖板的拆卸方法

MM420 盖板的拆卸方法：松开前盖板底部两个螺丝，将前盖板抬起后取出，卸掉电子箱的固定螺丝，按图 2-18 所示方法拆卸盖板。

步骤 4：功率接线端子连接。参考功率接线端子图和实验接线图（见图 2-19）将功率接线端子线接好，并连接好接地线。

步骤 5：控制端子的接线和拆卸。参考控制接线端子图及控制端子功能表将控制端子线接好。

2.4.4 任务训练

（1）进行 MM420、MM440 的模拟机械拆卸、安装。

（2）根据变频器的控制要求进行 MM420、MM440 的电气安装。

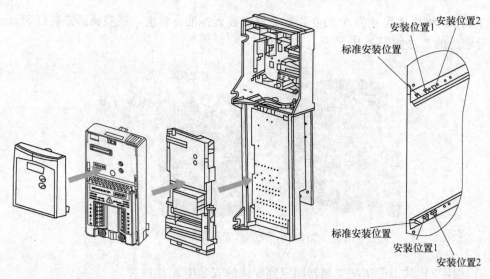

图 2-18   电子箱中的选件

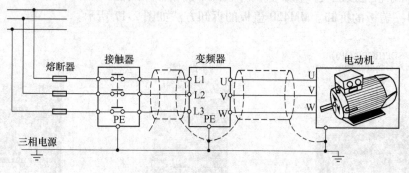

图 2-19   盖板的拆卸方法

2-1 根据负载转矩特性的不同，将生产机械分为哪三大类型？每种类型一般选择哪种控制方式的变频器？

2-2 已知 Y112N-4 型三相异步电动机额定参数如下：额定功率为 4W，接法为 △ 接法，额定电压为 380V，额定电流为 8.6A，额定转速为 1440r/min，额定频率为 50Hz，功率因数为 0.85。该电动机作为引风机使用，所需变频器的额定参数为多少？

2-3 选择变频器外围设备的目的是什么？

2-4 画出变频器常见外围设备的电路示意图，并说明各外围设备的作用。

2-5 变频器对周围环境温度有何要求？

2-6 变频器柜式安装使用强迫换气时应注意哪些问题？

2-7 变频器系统的专用接地方式有哪些要求？

2-8 MM420 功率接线端子符号有哪几个？

2-9 简述 MM420 控制接线端子对应的标识及功能。

2-10 MM440 功率接线端子符号有哪几个？

2-11 简述 MM440 控制接线端子号对应的标识及功能。

学习情境 3 变频器的调试与运行

【知识要点】

知识目标：

(1) 知道 MM4 变频器技术性能概述、操作面板分类；

(2) 掌握查阅《变频器使用大全》设置参数的基本方法；

(3) 掌握 MM440 I/O 端子接线图及功能分析；

(4) 知道 PROFIBUS 现场总线基本知识。

能力目标：

(1) 会 MM4 变频器 BOP 面板操作及参数设置；

(2) 会 MM4 变频器参数的工厂复位及快速参数化；

(3) 会使用 DIN、AIN 端子直接控制变频器实现正反转及固定频率控制；

(4) 会使用变频器 I/O 端子与 PLC 进行联机控制；

(5) 会 MM440 PROFIBUS-DP 通信常规参数选择与设置；

(6) 会 S7-300PLC 与 MM440 变频器 DP 通信硬件组态、编程常规方法。

任务 3.1 MM440 变频器的调试与运行基础

【任务要点】

(1) MM440 变频器技术性能概述。

(2) MM440 的特点。

(3) MM440 变频器的操作面板分类。

(4) MM440 变频器的系统参数。

(5) MM440 变频器故障的排除。

(6) 查阅变频器使用大全变设置参数的基本方法。

3.1.1 任务描述与分析

3.1.1.1 任务描述

MM440 变频器通过参数设置进行数字式驱动控制。学会根据控制要求进行参数分类，学会通过查询使用大全的参数简表，选择参数；查询参数详表，分析"参数说明"的具体含义，设置参数。

3.1.1.2　任务分析

本任务介绍 MM440 变频器的基础知识的及查阅变频器使用大全变设置参数的基本方法。知道 MM440 的特点及操作面板分类，掌握 MM440 功能码的分类，掌握 MM440 系统参数访问级及参数过滤选择方法，知道变频器"参数说明"的结构及含义。掌握查询使用大全参数简表、参数详表及设置参数的基本方法。

3.1.2　相关知识

3.1.2.1　MM440 变频器基础知识

A　MM4 系列变频器简介

MM4 系列变频器包括 4 种类型：MicroMaster410（MM410）、MicroMaster420（MM420）、MicroMaster430（MM430）和 MicroMaster440（MM440）。

MM410 是一种解决简单驱动问题的传统方案，是给简单电动机控制系统供电的理想变频驱动装置，功率范围为 0.12～0.75kW 时，MM410 变频器是满足简单控制要求的最佳选择。在单相电源供电，而要求变速驱动三相电动机的情况下，这种变频器是一种廉价的变频驱动装置。

MM420 为通用型变频器，是用于控制三相交流电动机速度的变频器，适用于各种变频驱动装置，尤其适于风机泵类传送带系统驱动装置。

MM430 为专用型变频器，是用于控制三相交流电动机速度的变频器，额定功率为 7.5～250kW，特别适合用于水泵和风机的驱动。

B　MM440 变频器技术性能概述

MICROMASTER 440（简称 MM440）是用于控制三相交流电动机速度的变频器系列，其外观图如图 3-1 所示。MM440 变频器有多种型号，额定功率范围从 120W 到 200kW（恒定转矩（CT）控制方式），或者可达 250kW（可变转矩（VT）控制方式），供用户选用。

MM440 变频器由微处理器控制，采用具有现代先进技术水平的绝缘栅双极型晶体管（IGBT）作为功率输出器件。具有很高的运行可靠性和功能的多样性。其脉冲宽度调制的开关频率是可选的，因而降低了电动机运行的噪声。全面而完善的保护功能为变频器和电动机提供了良好的保护。

MM440 变频器具有缺省的工厂设置参数，它是给数量众多的简单的电动机控制系统供电的理想变频驱动装置。由于 MM440 具有全面而完善的控制功能，在设置相关参数以后，它也可用于更高级的电动机控制系统。MM440 既可用于单机驱动系统，也可集成到"自动化系统"中。

MM440 变频器具有丰富的控制功能。可以选择从 U/f 控制到带传感器的矢量控制 VC 等 12 种不同特点的控制模式，适用于恒转矩、变转矩等各种性质负载，满足各行业的驱动控制要求。

MM440 变频器具有较强的停车和制动功能。MM440 具有 3 种停车方式，即按斜坡减速停车（OFF1）、惯性停车（OFF2）和快速停车（OFF3）。3 种制动功能，即直流制动、复合制动、动力制动（须外接制动电阻，75kW 以下已内置制动单元）。停车方式和制动方式的灵活配用，可适应不同机械惯性负载的要求。

MM440 变频器具有强大的通讯功能。利用 Profibus 通讯可选件，可以将 MM440 接入开放的、高速（12Mbit/s）的 DP 网，实现性能更佳、精度更高的通讯控制。

MM440 变频器具有丰富的自由功能模块和 BICO 技术。MM440 继承和吸收了 6SE70 工程型变频器的许多优良特点，其中最具实用性的是具有区别一般通用变频器的自由功能模块和 BICO 技术，利用丰富的自由功能模块和灵活的 BICO 技术，可方便地实现各种不同目的的组态设计，完成复杂控制设计的要求。

MM440 变频器外观如图 3-1 所示。

C MM440 的特点

MM440 变频器具体的技术特点如下：

a 主要特性

MM440 变频器的主要特征如下：

（1）易于安装，参数设置和调试；

（2）易于调试；

（3）牢固的 EMC 设计；

（4）可由 IT（中性点不接地）电源供电；

（5）对控制信号的响应是快速和可重复的；

（6）参数设置的范围很广，确保它可对广泛的应用对象进行配置；

图 3-1 MM440 变频器外观

（7）电缆连接简便；

（8）具有多个继电器输出；

（9）具有多个模拟量输出（0~20mA）；

（10）6 个带隔离的数字输入，并可切换为 NPN/PNP 接线；

（11）2 个模拟输入：

AIN1：0~10 V，0~20mA 和 −10 至 +10V；

AIN2：0~10 V，0~20mA；

（12）2 个模拟输入可以作为第 7 和第 8 个数字输入；

（13）BiCo（二进制互联连接）技术；

（14）模块化设计，配置非常灵活；

（15）脉宽调制的频率高，因而电动机运行的噪声低；

（16）详细的变频器状态信息和全面的信息功能；

（17）有多种可选件供用户选用：用于与 PC 通讯的通讯模块，基本操作面板（BOP），高级操作面板（AOP），用于进行现场总线通讯的 PROFIBUS 通讯模块。

b 性能特征

MM440 变频器的性能特征如下：

（1）矢量控制；

（2）无传感器矢量控制（SLVC）；

（3）带编码器的矢量控制（VC）；

（4）U/f 控制；

（5）磁通电流控制（FCC），改善了动态响应和电动机的控制特性；

（6）多点 U/f 特性；

（7）快速电流限制（FCL）功能，避免运行中不应有的跳闸；

（8）内置的直流注入制动；

（9）复合制动功能改善了制动特性；

（10）内置的制动单元（仅限外形尺寸为 A 至 F 的 MM440 变频器）；

（11）加速/减速斜坡特性具有可编程的平滑功能；

（12）起始和结束段带平滑圆弧；

（13）起始和结束段不带平滑圆弧；

（14）具有比例、积分和微分（PID）控制功能的闭环控制；

（15）各组参数的设定值可以相互切换；

（16）电动机数据组（DDS）；

（17）命令数据组和设定值信号源（CDS）；

（18）自由功能块；

（19）动力制动的缓冲功能；

（20）定位控制的斜坡下降曲线。

c　保护特性

MM440 变频器的保护特性如下：

（1）过电压/欠电压保护；

（2）变频器过热保护；

（3）接地故障保护；

（4）短路保护；

（5）I^2t 电动机过热保护；

（6）PTC 电动机保护。

3.1.2.2　MM440 变频器的操作面板分类

MM440 变频器的操作面板分类如图 3-2 所示，包括状态显示板（SDP）、基本操作面板（BOP）、高级操作面板（AOP）三类。

MM440 变频器在标准供货方式时装有状态显示板（SDP），对于很多用户来说，利用 SDP 和制造厂的缺省设置值，就可以使变频器成功地投入运行。如果工厂的缺省设置值不适合设备情况，可以利用基本操作板（BOP）或高级操作板（AOP）修改参数，使之匹配起来。BOP 和 AOP 是作为可选件供货的。另外也可以用"Drive Monitor"软件来进行参数设置。

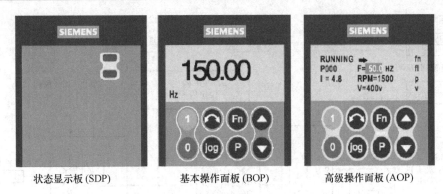

状态显示板 (SDP)	基本操作面板 (BOP)	高级操作面板 (AOP)

图 3-2 MM440 变频器的操作面板分类

3.1.2.3 MM440 变频器的系统参数

A MM440 变频器的系统参数概述

变频器的参数只能用基本操作面板（BOP）、高级操作面板（AOP）或者通过串行通讯接口进行修改。

用 BOP 可以修改和设定系统参数，使变频器具有期望的特性，如斜坡时间、最小和最大频率等。选择的参数号和设定的参数值在五位数字的 LCD（可选件）上显示。

变频器的功能一般是通过功能码来进行设定的。西门子 6SE70 系列变频器、MM 系列变频器的功能码用 Pxxxx 和 rxxxx 表示。其中 Pxxxx 是用于设定的功能码（即表示设置的参数），rxxxx 是用于显示的功能码（即表示只读参数）。由于变频器的功能码多，而其输入输出的端子有限，所以需要用开关量连接器 Bxxxx（自由定义的数字信号 0 和 1）、模拟量连接器 Kxxxx（自由定义的 16 位信号）、模拟量连接器双 KKxxxx（自由定义的 32 位信号）来进行选择、设定输入输出端子的功能。

例如 MM440 变频器在使用操作面板（BOP 或 AOP）控制模式时，其操作面板的上升键和下降键具有调节变频器输出频率大小的功能。此时上升键和下降键之所以具有这样的功能，是按照西门子公司《MM440 使用大全》上给出的"2400 号功能框图——基本操作面板 BOP（外部命令 + 设定值信号源）"和"3100 号功能框图——电动电位计 MOP（内部设定值信号源）"进行相应的参数设置和参数连接的。具体如图 3-3、图 3-4 所示。

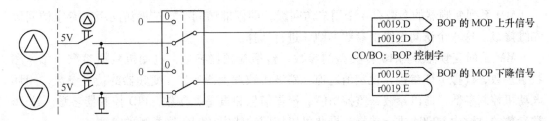

图 3-3 2400 号功能框图——基本操作面板 BOP（局部图）

B MM440 系统参数的访问级及参数过滤

P0003、P0004 是 MM 系列变频器的两个重要基础参数，用于参数访问级的选择和参数过滤。变频器的参数用户访问级和参数过滤示意图如图 3-5 所示。

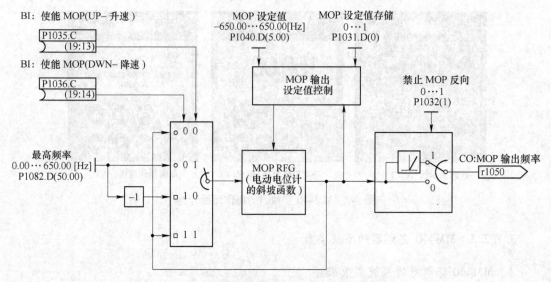

图 3-4　3100 号功能框图——电动电位计 MOP

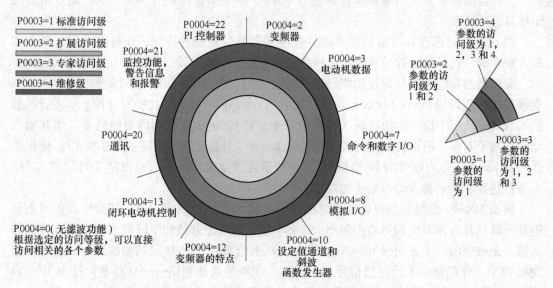

图 3-5　变频器的参数用户访问级和参数过滤

　　MM 系列变频器的参数有 4 个用户访问级；即标准访问级，扩展访问级，专家访问级和维修级。这 4 个访问等级由参数 P0003 进行选择。

　　MM 系列变频器分为 10 种类型的参数，包括变频器参数，电动机数据参数，命令和数字参数，模拟 I/O 参数，设定值通道和斜坡函数发生器参数，变频器的特点参数，闭环电动机控制参数，通讯参数，监控功能、警告信息和报警类参数，PID 控制器参数。这 10 类参数的过滤由 P0004 进行选择，据此可以按照功能去访问不同类型的参数。

　　C　MM440 变频器的 "参数说明"

　　西门子 6SE7 系列变频器、MM 系列变频器的参数很多，每个参数都有不同的参数号，每个参数都有特定的功能。通过查询相应的变频器使用大全，可以得到详细的 "参数说明" 信息。

下面以 MM440 变频器使用大全为例，介绍"参数说明"的编排格式。如图 3-6 所示，MM440 变频器的"参数说明"包括：参数号、参数名称、CStat、参数组、数据类型、使能有效、单位、快速调试、最小值、缺省值、最大值、用户访问级、说明等 13 项。

1 参数号： [下标]	2 参数名称：			9 最小值：	12 用户访问级： 1
	3 CStat：	5 数据类型：	7 单位：	10 缺省值：	
	4 参数组：	6 使能有效：	8 快速调试：	11 最大值：	
13	说明：				

P1210	自动再启动			最小值：0	访问级： 2
	CStat： CUT	数据类型：U16	单位：—	缺省值：1	
	参数组： 功能	使能有效：确认	快速调试：否	最大值：6	

配置在主电源跳闸或在发生故障后允许重新启动的功能。

可能的设定值：

    0 禁止自动再启动

    1 上电后跳闸复位：   P1211 禁止

    2 在主电源中断后再启动：   P1211 禁止

    3 在主电源消隐或故障后再启动：   P1211 使能

    4 在主电源消隐后再启动：   P1211 使能

    5 在主电源中断和故障后再启动：   P1211 禁止

    6 在电源消隐、电源中断或故障后再启动： P1211 禁止

关联：

    "自动再启动"需要在一个数字输入端保持 ON 命令不变时才能进行。

注意：P1210 的设定值大于 2 时，可能在没有触发 ON 命令的情况下引起电动机的自动再启动！

图 3-6 "参数说明"的编排格式

下面以 P1210 参数（自动再启动）为例，具体说明"参数说明"各项的含义：

（1）参数号。参数号是指该参数的编号。参数号用 0000 到 9999 的 4 位数字表示。在参数号的前面冠以一个小写字母"r"时，表示该参数是"只读"的参数，它显示的是特定的参数数值，而且不能用与该参数不同的值来更改它的数值（在有些情况下，"参数说明"的标题栏中在"单位""最小值""缺省值"和"最大值"的地方插入一个破折号"—"）。

其他所有参数号的前面都冠以一个大写字母" P"。这些参数的设定值可以直接在标题栏的"最小值"和"最大值"范围内进行修改。[下标] 表示该参数是一个带下标的参数，并且指定了下标的有效序号。

（2）参数名称。参数名称是指该参数的名称。有些参数名称的前面冠以以下缩写字母：BI，BO，CI 和 CO，并且后跟一个冒号"："。

这些缩写字母的意义如下：

BI = [P9999.C (0)] 二进制互联输入，就是说，该参数可以选择和定义输入的二进制信号源；

BO = [r9999] 二进制互联输出，就是说，该参数可以选择输出的二进制功能，或作为用户定义的二进制信号输出；

CI = [P9999.D (999.9)] 量值信号（规格化的或带量纲的）互联输入，就是说，该参数可以选择和定义输入的量值信号源；

CO = r9999[99] 量值信号互联输出，就是说，该参数可以选择输出的量值功能，或作为用户定义的量值信号输出；

CO/BO = r9999 / r9999 量值信号/二进制互联输出，就是说，该参数可以作为量值信号和/或二进制信号输出，或由用户定义为了利用 BiCo 功能，必须了解整个参数表。在该访问级，可能有许多新的 BiCo 参数设定值。

BiCo 功能是与指定的设定值不相同的功能，可以对输入与输出的功能进行组合，因此是一种更为灵活的方式。大多数情况下，这一功能可以与简单的第 2 访问级设定值一起使用。

BiCo 系统允许对复杂的功能进行编程。按照用户的需要，布尔代数式和数学表达式可以在各种输入（数字的、模拟的、串行通讯等）和输出（变频器电流、频率、模拟输出、继电器输出等）之间配置和组合。

（3）CStat。CStat 是指参数的调试状态。可能有三种状态：调试 C，运行 U，准备运行 T。这是表示该参数在什么时候允许进行修改。对于一个参数可以指定一种，两种或全部三种状态。如果三种状态都指定了，就表示这一参数的设定值在变频器的上述三种状态下都可以进行修改。

（4）参数组。参数组是指具有特定功能的一组参数。

说明：参数 P0004（参数过滤器）的作用是根据所选定的一组功能，对参数进行过滤（或筛选），并集中对过滤出的一组参数进行访问。

（5）数据类型。U16（16 位无符号数），U32（32 位无符号数），I16（16 位整数），I32（32 位整数），Float（浮点数）。

（6）使能有效。使能有效表示该参数是否：立即可以对该参数的数值立即进行修改（在输入新的参数数值以后），或者确认面板（BOP 或 AOP）上的"P"键被按下以后，才能使新输入的数值有效地修改该参数原来的数值。

（7）单位。单位是指测量该参数数值所采用的单位。

（8）快速调试。快速调试是指该参数是否（是或者不是）只能在快速调试时进行修改，就是说，该参数是否只能在 P0010（选择不同调试方式的参数组）设定为 1（选择快速调试）时进行修改。

（9）最小值。最小值是指该参数可能设置的最小数值。

（10）缺省值。缺省值是指该参数的缺省值，就是说，如果用户不对参数指定数值，变频器就采用制造厂设定的这一数值作为该参数的值。

（11）最大值。最大值是指该参数可能设置的最大数值。

（12）用户访问级。用户访问级是指允许用户访问参数的等级。变频器共有四个访问等级：标准级、扩展级、专家级和维修级。每个功能组中包含的参数号，取决于参数 P0003（用户访问等级）设定的访问等级。

3.1.2.4　MM440 变频器故障的排除

西门子变频器还有两类参数，用以帮助进行变频器故障的排除，包括：Axxxx 表示报警参数，Fxxxx 表示故障参数。

当变频器运行不正常，发生故障，或变频器跳闸时，会在 BOP 面板显示屏上出现一个故障码，即以 Axxxx 和 Fxxxx 显示表示报警信号和故障信号。此时可以通过查阅变频器使用大全的"故障信息表"或"报警信息表"相应的报警或故障代码，以获取"引起故障的原因""故障诊断和应采取的措施"等帮助信息。

MM440 变频器使用大全的故障信息表（局部示例）、报警信息表（局部示例）见表 3-1、表 3-2。完整的故障信息表、报警信息表见附表 18、附表 19。

表 3-1 故障信息表（部分）

故障	引起故障可能的原因	故障诊断和应采取的措施	反应
F0001 过流	（1）电动机的功率（P0307）与变频器的功率（P0206）不对应； （2）电动机电缆太长； （3）电动机的导线短路； （4）有接地故障	检查以下各项： （1）电动机的功率（P0307）必须与变频器的功率（P0206）相对应； （2）电缆的长度不得超过允许的最大值； （3）电动机的电缆和电动机内部不得有短路或接地故障； （4）输入变频器的电动机参数必须与实际使用的电动参数相对应； （5）输入变频器的定子电阻值（P0350）必须正确无误； （6）电动机的冷却风道必须通畅，电动机不得过载。 > 增加斜坡时间； > 减少"提升"的数值	Off2

表 3-2 报警信息表（部分）

故障	引起故障可能的原因	故障诊断和应采取的措施
A0501 电流限幅	（1）电动机的功率与变频器的功率不匹配； （2）电动机的连接导线太短； （3）接地故障	检查以下各项： （1）电动机的功率（P0307）必须与变频器功率（P0206）相对应； （2）电缆的长度不得超过最大允许值； （3）电动机电缆和电动机内部不得有短路或接地故障； （4）输入变频器的电动机参数必须与实际使用的电动机一致； （5）定子电阻值（P0350）必须正确无误； （6）电动机的冷却风道是否堵塞，电动机是否过载。 ◆ 增加斜坡上升时间； ◆ 减少"提升"的数值
A0502 过压限幅	达到了过压限幅值。 斜坡下降时如果直流回路控制器无效（P1240 = 0）就可能出现这一报警信号	（1）电源电压（P0210）必须在铭牌数据限定的数值以内； （2）禁止直流回路电压控制器（P1240 = 0），并正确地进行参数化； （3）斜坡下降时间（P1121）必须与负载的惯性相匹配； （4）要求的制动功率必须在规定的限度以内

当变频器出现故障后，故障码会在 BOP 面板上一直显示。为了使故障码复位，可以采用以下三种方法中的一种：重新给变频器加上电源电压，按下 BOP 或 AOP 上的 Fn 键，通过数字输入 3（缺省设置）。

3.1.3　任务实施

下面以变频器参数的查找为例，掌握变频器参数查找的一般方法。

例如：MM440 变频器有多种运行控制方式，即运行中电动机的速度与变频器的输出电压之间可以有多种不同的控制关系。如要选择"无传感器矢量控制"方式进行电动机控制，应该选择哪个参数及怎样设置这个参数呢？

步骤 1：按参数性质的归类，查使用大全的参数简表，选择参数。先在《MM440 变频器使用大全》"5-4"页的"5.3 参数表（简略形式）"中查找参数。按照参数性质的归类，选择"5-12"页的"电动机的控制（P0004 = 13）"参数简表继续查询，最后确定 P1300［3］（控制方式）为被查参数，见表 3-3。

表 3-3　电动机的控制类参数简表（部分）

电动机的控制（P0004 = 13）

参数号	参数名称	缺省值	Level	DS	QC
r0020	CO：实际的频率设定值	—	3	—	—
P1300［3］	控制方式	0	2	CT	Q

步骤 2：查使用大全的参数表，设置参数。查使用大全的参数表，在第 10 ~ 119 页找到 P1300 详细信息：

P1300[3]	变频器的控制方式			最小值：0	访问级：
CStat:　CT	数据类型：U16	单位：—	缺省值：0	**2**
参数组：控制	使能有效：确认	快速调试：是	最大值：23	

根据可能的设定值：

0　线性特性的 U/f 控制。

1　带磁通电流控制（FCC）的 U/f 控制。

2　带抛物线特性（平方特性）的 U/f 控制。

3　特性曲线可编程的 U/f 控制。

4　ECO（节能运行）方式的 U/f 控制。

5　用于纺织机械的 U/f 控制。

6　用于纺织机械的带 FCC 功能的 U/f 控制。

19　具有独立电压设定值的 U/f 控制。

20　无传感器的矢量控制。

21　带有传感器的矢量控制。

22　无传感器的矢量-转矩控制。

23　带有传感器的矢量-转矩控制。

选择"P1300 = 20"，即完成了"无传感器矢量控制"方式电动机控制的相应参数的选择。

3.1.4　任务训练

试通过《MM440 变频器使用大全》，查找电动机铭牌上的"电动机额定功率"应该由哪个参数进行设置？怎样设置？

任务 3.2 MM420、MM440 变频器的 BOP 面板操作与参数设置

【任务要点】

（1）MM420、MM440 变频器 BOP 控制功能。

（2）MM420、MM440 变频器的 BOP 面板操作。

（3）MM420、MM440 变频器的参数设置。

（4）使用 BOP 对变频器的参数进行工厂复位。

（5）使用 BOP 对变频器进行快速参数化。

3.2.1 任务描述与分析

3.2.1.1 任务描述

MM420、MM440 变频器的 BOP 面板操作及参数设置是变频器调试的基础。通过 BOP 面板进行参数设置，进行变频器参数的工厂复位，根据电动机的铭牌参数及电动机的控制方式进行快速参数化。

3.2.1.2 任务分析

本任务介绍了 MM420、MM440 变频器 BOP 面板的结构及功能，BOP 面板的操作方法及参数设置方法。能根据 MM420、MM440 变频器使用大全，使用 BOP 对变频器的参数进行工厂复位。能根据变频器控制的电动机铭牌参数，使用 BOP 对变频器进行快速参数化。

3.2.2 相关知识

3.2.2.1 BOP（基本操作面板）及功能描述

MM420、MM440 BOP（基本操作面板）面板图如图 3-7 所示。BOP 的操作键包括：ON（运行）键、OFF（停车）键、反向键、点动（jog）键、功能触发键、程序键、上升键、下降键。

BOP 具有五位数字的七段 LCD 显示，用于显示参数的序号和数值、报警和故障信息，以及该参数的设定值和实际值。BOP 不能存储参数的信息。

关于 MM420、MM440 BOP 上的按钮功能描述，见表 3-4。

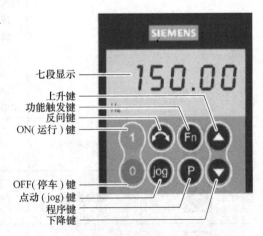

图 3-7 MM420、MM440 BOP（基本操作面板）面板图

表 3-4　MM420、MM440 BOP 上的按钮功能表

显示/按钮	功　能	功　能　说　明
P0004	状态显示	LED 显示变频器当前的设定值
(I)	启动电动机	按此键启动变频器，缺省值运行时此键是被封锁的，为了使此键的操应设定 P0700 = 1
(0)	停止电动机	OFF1：按此键，变频器将按选定的斜坡下降速率减速停车。缺省值运行时此键被封锁，为了允许此键操作，应设定 P0700 = 1。 OFF2：按此键两次（或一次，但时间较长）电动机将在惯性作用下自由停车，此功能总是"使能"的
(反向)	改变电动机的转动方向	按此键可以改变电动机的转动方向。电动机的反向用负号（－）表示或用闪烁的小数点表示。缺省值运行时此键是被封锁的，为了使此键的操作有效，应设定 P0700 = 1
(jog)	电动机点动	在变频器无输出的情况下按此键，将使电动机启动，并按预设定的点动频率运行。释放此键时，变频器停车。如果变频器/电动机正在运行，按此键将不起作用
(Fn)	功　能	此键用于浏览辅助信息。 变频器运行过程中，在显示任何一个参数时按下此键并保持不动 2s，将显示以下参数值（在变频器运行中，从任何一个参数开始）： （1）直流回路电压（用 d 表示，单位为 V）； （2）输出电流，A； （3）输出频率，Hz； （4）输出电压（用 o 表示，单位为 V）； （5）由 P0005 选定的数值（如果 P0005 选择显示上述参数中的任何一个（3，4 或 5），这里将不再显示）。 连续多次按下此键，将轮流显示以上参数。 跳转功能：在显示任何一个参数（rxxxx 或 Pxxxx）时短时间按下此键，将立即跳转到 r0000，如果需要的话，您可以接着修改其他的参数。跳转到 r0000 后，按此键将返回原来的显示点 退出：在出现故障或报警的情况下，按此键可以将操作板上显示的故障或报警信息复位
(P)	访问参数	按此键即可访问参数
(▲)	增加数值	按此键即可增加面板上显示的参数数值
(▲)	减少数值	按此键即可减少面板上显示的参数数值

3.2.2.2　AOP（高级操作板）

MM440 变频器的 AOP（高级操作板）是可选件，其外观如图 3-2 所示。它具有以下特点：

（1）清晰的多种语言文本显示；

（2）多组参数组的上装和下载功能；

（3）可以通过 PC 编程；

（4）具有连接多个站点的能力，最多可以连接 30 台变频器。

3.2.2.3　使用 BOP 对变频器的参数进行工厂复位

为了把变频器的所有参数复位为出厂时的缺省设置值；需使用 BOP、AOP 或通讯选件按下面的数值设置参数：

设置 P0010 = 30；

设置 P0970 = 1。

提示：复位过程约需 3min 才能完成。

3.2.2.4　使用 BOP 对变频器进行快速调试

快速调试是设定变频器启动运行所需的基本参数，包括电动机的参数设定和斜坡函数的参数设定。在进行"快速调试"之前，必须完成变频器的机械和电气安装。

P0010（参数过滤）和 P0003（选择用户访问级别）的功能在调试时十分重要。快速调试的进行与参数 P3900 的设定有关，在其被设定为 1 时，快速调试结束后，要完成必要的电动机计算，并使其他所有参数（P0010 = 1 不包括在内）复位为工厂缺省设置，此时变频器即已作好了运行准备。MM440 变频器的快速调试步骤见图 3-8。

另外，MM420 变频器的快速调试步骤与 MM440 类似，但相关参数要少些，只包括 P0010、P0100、P0304、P0305、P0307、P0310、P0311、P0700、P1000、P1080、P1082、P1120、P1121、P3900 等参数。MM420 变频器快速调试涉及的参数的含义与 MM440 变频器相似，限于篇幅，此处不再赘述，详见《MM420 使用大全》。

3.2.3　知识拓展

3.2.3.1　使用 BOP 调试时的注意事项

注意事项具体如下：

（1）在缺省设置时，用 BOP 控制电动机的功能是被禁止的。如果要用 BOP 进行控制，参数 P0700 应设置为 1，参数 P1000 也应设置为 1。

（2）变频器加上电源时，也可以把 BOP 装到变频器上，或从变频器上将 BOP 拆卸下来。

（3）如果 BOP 已经设置为 I/O 控制（P0700 = 1），在拆卸 BOP 时，变频器驱动装置将自动停车。

3.2.3.2　使用 AOP 调试时的注意事项

注意事项具体如下：

P0003　用户访问级2)　　　　　　　　　　1
1　标准级
2　扩展级
3　专家级

P0010　开始快速调试　　　　　　　　　　1
0　准备运行
1　快速调试
30　工厂的缺省设置值

P0100　选择工作地区是欧洲/北美　　　　1
0　功率单位为 kW，f 的缺省值为 50Hz
1　功率单位为 hp，f 的缺省值为 60Hz
2　功率单位为 kW，f 的缺省值为 60Hz
说明：
　P0100 的设定值 0 和 1 应该用 DIP 开关来更改，使
其设定的值固定不变。DIP 开关用来建立固定不
变的设定值。在电源断开后，DIP 开关的设定值优先
于参数的设定值

P0205　变频器的应用对象　　　　　　　　3
0　恒转矩
1　变转矩
说明：P0205=1 时，只能用于平方 U/f 特性（水
泵，风机）的负载

P0300　选择电动机的类型　　　　　　　　2
1　异步电动机
2　同步电动机
说明：P0300=2 时，控制参数被禁止

P0304　额定电动机电压1)　　　　　　　　1
设定值的范围：10～2000V
根据铭牌键入的电动机额定电压(V)

P0305　电动机的额定电流1)　　　　　　　1
设定值的范围：　0～2 倍变频器额定电流(A)
根据铭牌键入的电动机额定电流(A)

P0307　电动机的额定功率 1)　　　　　　　1
设定值的范围：0～2000kW
根据铭牌键入的电动机额定功率(kW)
如果 P0100=1，功率单位应是 hp

P0308　电动机的额定功率因数1)　　　　　2
设定值的范围 0.000～1.000
根据铭牌键入的电动机额定功率因数(cosφ)
只有在 P0100=0 或 2 的情况下（电动机的功率单位是
kW 时）才能看到

P0309　电动机的额定效率1)　　　　　　　2
设定值的范围 0.0～99.9%
根据铭牌键入的以百分数(%)表示的电动机额定效率
只有在 P0100=1 的情况下（电动机的功率单位是 hp
时）才能看到

P0.10　电动机的额定频率1)　　　　　　　1
设定值的范围：12～650Hz
根据铭牌键入的电动机额定频率(Hz)

P0311　电动机的额定速度1)　　　　　　　1
设定值的范围：0～40000r/min
根据铭牌键入的电动机额定速度(r/min)

P0320　电动机的磁化电流　　　　　　　　3
设定值的范围：0.0～99.0%
是以电动机额定电流(P0305)的百分数(%)表示的
磁化电流

P0335　电动机的冷却　　　　　　　　　　2
0　自冷
1　强制冷却
2　自冷和内置风机冷却
3　强制冷却和内置风机冷却

P0640　电动机的过载因子　　　　　　　　2
设定值的范围：10.0%～400.0%
电动机过载电流的限定值,以电动机额定电流(P0305)
的百分数(%)表示

P0700　选择命令源 2)　　　　　　　　　　1
0　工厂设置值
1　基本操作面板(BOP)
2　端子（数字输入）
说明：如果选择 P0700=2，数字输入的功能决定
于 P0701 至 P0708
P0701～P0708=99 时，各个数字输入端按照BICO
功能进行参数化

图 3-8　MM440 变频器快速调试步骤

（1）如果不把 AOP 设定为命令源（P0700 = 4 或 5），AOP 就不能"启动"或"停止"与之连接的变频器。

（2）如果把 AOP 设定为 I/O 控制（P0700 = 4 或 5），为了避免变频器产生不应有的操作，USS（协议）报文的停止传输时间（Timeout）（参数 P2014）应设置为 5000ms（在这种情况下，从变频器上把 AOP 拆卸下来以后，变频器将在 5s 内跳闸）。

（3）在变频器接通电源的情况下，允许将 AOP 装到变频器上，或者从变频器上卸下 AOP。

（4）当 AOP 接到变频器上时，AOP 将把 USS 的 PZD（过程数据）长度（参数 P2012）设定为 4。

（5）当变频器设定为 AOP 控制（将命令源参数设定为 P0700 = 4 或 5）时，变频器上的控制按钮仍然可以在任何时候对变频器进行"启动"（Start），"停止"（Stop），"点动"（jog）和"反向"（Reverse）的控制操作。

3.2.4　任务实施

步骤 1：使用 BOP 对变频器的参数进行工厂复位。

P0010 = 30；

P0970 = 1。

提示：复位过程约需 3min 才能完成。

步骤 2：用 BOP 更改参数的数值。使用 BOP 设置参数 P0719，修改参数的数值。按照表 3-5 中的类似方法，可用"BOP"更改任何一个参数。

表 3-5　用 BOP 更改参数数值的步骤举例

序号	操 作 步 骤	显 示 结 果
1	按"P"键访问参数	r0000
2	按"∧"键直到显示出 P0719	P0719
3	按"P"键进入参数数值访问级	in000
4	按"P"键显示当前的设定值	0
5	按"∧"键或"∨"键选择运行所需要的数值	12
6	按"P"键确认和存储这一数值	P0719

3.2.5　任务训练

用 MM420、MM440 变频器 BOP 面板对电动机进行工厂复位，对变频器所控制的电动机进行快速参数化。

电动机的铭牌参数如下：额定电压 380V，额定电流 0.6A，额定功率 180W，额定速度 1430r/min。要求电动机加减速时间均为 10s（或根据实验室的电动机铭牌参数进行快速参数化。）

任务 3.3　MM420、MM440 变频器的 I/O 端子控制

【任务要点】

（1）MM440 I/O 端子接线图的分析。
（2）变频器 I/O 端子的开关量输入、输出功能，模拟量输入、输出功能认识。
（3）使用 DIN、AIN 端子直接控制变频器，实现正反转及调速控制。
（4）使用 DIN 端子进行变频器固定频率控制。
（5）使用变频器 I/O 端子与 PLC 进行联机控制。

3.3.1　任务描述与分析

3.3.1.1　任务描述

I/O 端子控制是变频器最为基础的控制方式，在调速控制要求不太高的场合下，I/O 端子控制是非常实用和经济的。通过 DIN、AIN 端子的正确接线及参数设置，可直接控制变频器实现正反转及调速控制，以及固定频率控制。还可使用变频器 I/O 端子与 PLC 进行联机控制。

3.3.1.2　任务分析

本任务介绍了 MM440 I/O 端子接线图及各 I/O 端子的功能。能根据 MM440 变频器使用大全，通过相关参数设置变频器 I/O 端子的开关量输入、输出功能，模拟量输入、输出功能。能根据控制要求，使用 DIN、AIN 端子直接控制变频器，实现正反转及调速控制，以及固定频率控制。能根据较为复杂的控制要求，使用变频器 I/O 端子与 PLC 进行联机控制。

3.3.2　相关知识

3.3.2.1　MM440 I/O 端子接线图分析

MM440 变频器的电路包括主电路和控制电路两大部分，方框图如图 3-9 所示。

MM440 变频器的主电路完成电能转换（整流和逆变），控制电路处理信息的收集、变换和传输。在主电路中，由电源输入单相或三相恒压恒频的交流电，经整流电路转换成恒定的直流电，供给逆变电路。逆变电路在 CPU 的控制下，将恒定的直流电逆变成电压和频

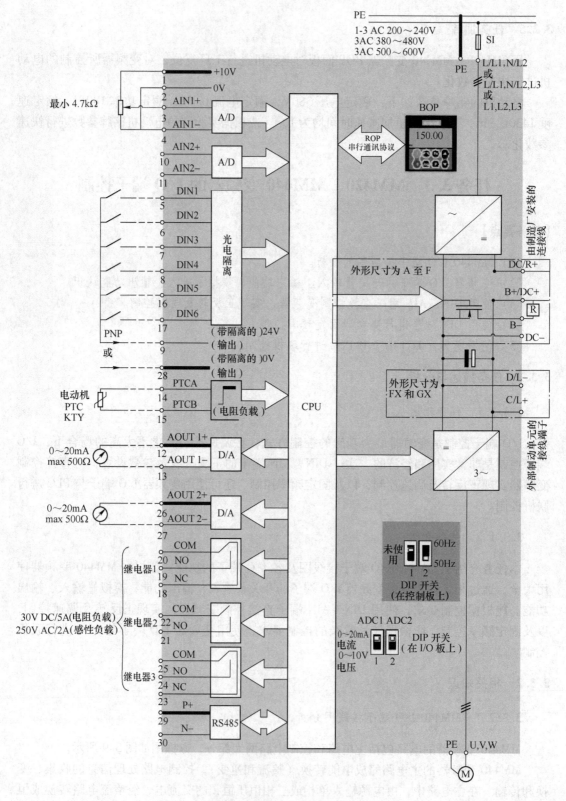

图 3-9　MM440 变频器主电路、控制电路方框图

率均可调的三相交流电供给电动机负载。MM440 变频器直流环节是通过电容进行滤波的，因此属于电压型交—直—交变频器。

MM440 变频器的控制电路由 CPU、模拟输入（AIN1+、AIN1-、AIN2+及 AIN2-）、模拟输出（AOUT1+、AOUT1-、AOUT2+、AOUT2-）、数字输入（DIN1-DIN6）、输出继电器触头（RL1-A、RL1-B、RL1-C、RL2-A、RL2-B、RL2-C 及 RL3-A、RL3-B、RL3-C）、操作板（BOP）等组成。

模拟输出回路可以另行配置用于提供两个附加的数字输入 DIN7 和 DIN8。当模拟输入作为数字输入时电压门限值应为：OFF DC1.75V，ON DC3.70V。

端子 1、2 是为用户提供的 10V 直流电源。当采用模拟电压信号输入方式输入给定频率时，为了提高交流变频调速系统的控制精度，必须配备一个高精度的直流电源。

模拟输入 3、4 和 10、11 端，为用户提供了两对模拟电压给定输入端，作为频率给定信号，经变频器内的模/数转换器，将模拟量转换为数字量，传输给 CPU 来控制系统。

数字输入端 5、6、7、8、16、17 为用户提供了 6 个完全可编程的数字输入端，数字信号经光电隔离输入 CPU，对电动机进行控制。

端子 9 和 28 是 24V 直流电源端，为变频器的控制电路提供 24V 直流电源。端子 9（24V）在作为数字输入使用时也可用于驱动模拟输入，要求端子 2 和 28（0V）必须连接在一起。

3.3.2.2　使用 I/O 端子控制变频器

使用变频器的 I/O 端子控制变频器是最基本的控制方式，包括开关量输入、开关量输出、模拟量输入、模拟量输出等几种控制方式。

A　开关量输入功能

MM440 包含了六个数字开关量的输入端子（DIN1～DIN6），每个 DIN 端子都有一个对应的参数用来设定该端子的功能，DIN1～DIN6 的功能分别由参数 P0701～P0706 来设定。开关量输入功能参数缺省设置见表 3-6。

表 3-6　开关量输入功能参数缺省设置

端子名称	参数编号	缺省值	参数功能说明
DIN1	P0701	1	选择数字输入 1 的功能：接通正转/断开停车
DIN2	P0702	12	选择数字输入 2 的功能：反转（与正转命令配合使用）
DIN3	P0703	9	选择数字输入 3 的功能：故障复位
DIN4	P0704	15	选择数字输入 4 的功能：固定频率直接选择
DIN5	P0705	15	选择数字输入 5 的功能：固定频率直接选择
DIN6	P0706	15	选择数字输入 6 的功能：固定频率直接选择

P0701～P0706 可能的设定值及功能说明：

0　禁止数字输入；

1　ON/OFF1（接通正转/停车命令 1）；

2　ON reverse/OFF1（接通反转/停车命令 1）；

3　OFF2（停车命令 2）——按惯性自由停车；

4　OFF3（停车命令 3）——按斜坡函数曲线快速降速；

9　故障确认；

10　正向点动；

11　反向点动；

12　反转；

13　MOP（电动电位计）升速（增加频率）；

14　MOP 降速（减少频率）；

15　固定频率设定值（直接选择）；

16　固定频率设定值（直接选择 + ON 命令）；

17　固定频率设定值（二进制编码选择 + ON 命令）；

25　直流注入制动；

29　由外部信号触发跳闸；

33　禁止附加频率设定值；

99　使能 BICO 参数化。

B　开关量输出功能

MM440 可以将变频器当前的状态以开关量的形式用继电器输出，方便用户通过输出继电器的状态来监控变频器的内部状态量。而且每个输出逻辑可以进行取反操作，即通过操作 P0748 的每一位更改。开关量输出功能参数缺省设置见表 3-7。

表 3-7　开关量输出功能参数缺省设置

端子名称	参数编号	缺省值	参数功能说明
继电器 1	P0731	52. 3	定义数字输出 1 的信号源：故障监控
继电器 2	P0732	52. 7	定义数字输出 2 的信号源：报警监控
继电器 3	P0733	52. 2	定义数字输出 3 的信号源：变频器运行中

C　模拟量输入功能

MM440 有两路模拟量输入，可以通过 P0756 分别设置每个通道属性，定义各模拟输入通道采用电压输入（10V）或电流输入（20mA）。

以模拟量输入通道 1 电压信号 0 ~ 10V 作为频率给定，模拟量输入功能参数缺省设置见表 3-8。

表 3-8　模拟量输入功能参数缺省设置

端子名称	参数编号	缺省值	参数功能说明
ADC 标定的 $x1$ 值	P0757	0	0V 对应频率给定 0%（即 0Hz）
ADC 标定的 $y1$ 值	P0758	0.0%	
ADC 标定的 $x2$ 值	P0759	10	10V 对应频率给定 100%（即 50Hz）
ADC 标定的 $y2$ 值	P0760	100.0%	
ADC 死区的宽度	P0761	0	死区宽度

D　模拟量输出功能

MM440 变频器有两路模拟量输出，相关参数以 in000 和 in001 区分，出厂值为 0 ~

20mA 输出，可以标定为 4~20mA 输出（P0778 = 4），如果需要电压信号可以在相应端子并联一支 500Ω 电阻。需要输出的物理量可以通过 P0771 设置。

以模拟量输出通道 1 信号标定为 0~50Hz 输出 4~20mA，模拟量输出功能参数缺省设置见表 3-9。

表 3-9　模拟量输出功能参数缺省设置

端子名称	参数编号	缺省值	参数功能说明
DAC 标定的 x1 值	P0777	0.0%	0Hz 对应输出电流 4mA
DAC 标定的 y1 值	P0778	4	
DAC 标定的 x2 值	P0779	100.0%	50Hz 对应输出电流 20mA
DAC 标定的 y2 值	P0780	20	
DAC 死区的宽度	P0781	0	死区宽度

3.3.3　知识拓展

3.3.3.1　关于 P0756 参数的说明

P0756 的作用是定义模拟输入的类型，并允许模拟输入的监控功能投入。为了从电压模拟输入切换到电流模拟输入，仅仅修改参数 P0756 是不够的。更确切地说，要求端子板上对应的 DIP 开关也必须设定为正确的位置。DIP 开关的设定值如下：

OFF = 电压输入（10V）；

ON = 电流输入（20mA）。

DIP 开关的安装位置与模拟输入的对应关系如下：

左面的 DIP 开关（DIP 1）= 模拟输入 1；

右面的 DIP 开关（DIP 2）= 模拟输入 2。

可能的设定值：

0　单极性电压输入（0~+10V）；

1　带监控的单极性电压输入（0~+10V）；

2　单极性电流输入（0~20mA）；

3　带监控的单极性电流输入（0~20mA）；

4　双极性电压输入（-10V~+10V）。

下标：

P0756 [0]：模拟输入 1（ADC 1）；

P0756 [1]：模拟输入 2（ADC 2）。

关联：

如果模拟标定框编程的结果得到负的设定值输出（见 P0757~P0760），则本功能被禁止。

3.3.3.2　关于 P0771 参数的说明

P0771 的作用是定义 0~20mA 模拟输出的功能。

可能的设定值：

21　实际频率（按 P2000 标定）；

24　实际输出频率（按 P2000 标定）；

25　实际输出电压（按 P2001 标定）；

26　实际直流回路电压（按 P2001 标定）；

27　实际输出电流（按 P2002 标定）。

下标：

P0771 [0]：模拟输出 1（DAC 1）；

P0771 [1]：模拟输出 2（DAC 2）。

3.3.4　任务实施

3.3.4.1　使用 DIN、AIN 端子直接控制变频器

使用 DIN、AIN 端直接控制变频器，这种控制方式广泛用于变频器的基本调速控制及调速控制要求不太高的场合。

步骤 1：接线。使用 DIN 端子控制变频器的正转、反转、停车控制，使用 AIN 端控制变频器的频率给定。接线图如图 3-10 所示。

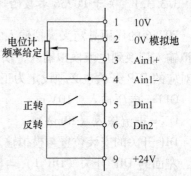

图 3-10　MM440 变频器 DIN 端子、
　　　　　　AIN 端子接线图

步骤 2：参数设置。相关参数设置如下：

P0003 = 3（专家访问级）；

P0700 = 2（I/O 端子）；

P1000 = 2（I/O 端子）；

P0701 = 1（定义 DIN1 功能：接通正转/OFF1）；

P0702 = 2（定义 DIN2 功能：接通反转/OFF1）；

P1070 = 755.0（定义主设定值的信号源：模拟量输入 1 的设定值（AIN1））。

3.3.4.2　使用 DIN 端子进行变频器固定频率控制

多段速功能，也称作固定频率，就是设置参数 P1000 = 3 的条件下，用开关量端子选择固定频率的组合，实现电机多段速度运行。可通过如下三种选择固定频率的方法实现：

（1）直接选择（P0701 ~ P0706 = 15）。在此操作方式下，一个数字输入选择一个固定频率（DIN1 ~ DIN6 对应的频率由 P1001 ~ P1006 设定）。如果有几个固定频率输入同时被激活，选定的频率是它们的总和。

例如：FF1 + FF2 + FF3 + FF4 + FF5 + FF6。

（2）直接选择 + ON 命令（P0701 ~ P0706 = 16）。选择固定频率时，既有选定的固定频率，又带有 ON 命令，把它们组合在一起。

在此操作方式下，一个数字输入选择一个固定频率（DIN1 ~ DIN6 对应的频率由 P1001 ~ P1006 设定）。如果有几个固定频率输入同时被激活，选定的频率是它们的总和。

例如：FF1 + FF2 + FF3 + FF4 + FF5 + FF6。

（3）二进制编码选择 + ON 命令（P0701 ~ P0706 = 17）。使用这种方法最多可以选择 15 个固定频率（DIN1 ~ DIN6 对应的频率由 P1001 ~ P1006 设定）。各个固定频率的数值根据表 3-10 选择。

表 3-10　P1001 ~ P1015（15 个固定频率）与 DIN1 ~ DIN4 之间的关系

频率设定	DIN4	DIN3	DIN2	DIN1
P1001	0	0	0	1
P1002	0	0	1	0
P1003	0	0	1	1
P1004	0	1	0	0
⋮	⋮	⋮	⋮	⋮
P1015	1	1	1	1

3.3.4.3　MM440 变频器 I/O 端子与 S7-300PLC 的联机控制

在较为复杂的变频调速控制要求时，使用变频器 I/O 端子与 PLC 进行联机控制能使控制要求变得更容易实现。通过 S7-300PLC 控制 MM440 变频器的 DIN1、DIN2、AIN1，实现电机的手动正反转控制，要求正转为 50Hz，反转为 40Hz。

步骤 1：列 I/O 分配表。PLC 的 I/O 分配表见表 3-11。

表 3-11　PLC 的 I/O 分配表

I/O 设备名称	I/O 地址	说　　明
SB1	I0.0	停止按钮（常闭触点）
SB2	I0.1	正转启动按钮（常开触点）
SB3	I0.2	反转启动按钮（常开触点）
KA1	I0.3	中继器 KA1 的常开辅助触点，正转输出反馈信号
KA2	I0.4	中继器 KA2 的常开辅助触点，反转输出反馈信号
AO1	PQW256	输出 0 ~ 10V 可变电压
DO1	Q4.0	正转控制信号输出（使用中继器）
DO2	Q4.1	反转控制信号输出（使用中继器）

步骤 2：PLC 与变频器的接线。使用 DIN 端子控制变频器的正转、反转、停车控制，使用 AIN 端控制变频器的频率给定。接线示意如图 3-11 所示，具体接线与 PLC 的 DO、AO 模块有关。

步骤 3：参数设置。相关参数设置如下：

P0003 = 3（专家访问级）；

P0700 = 2（I/O 端子）；

P1000 = 2（I/O 端子）；

P0701 = 1（定义 DIN1 功能：接通正转/OFF1）；

P0702 = 2（定义 DIN2 功能：接通反转/OFF1）；

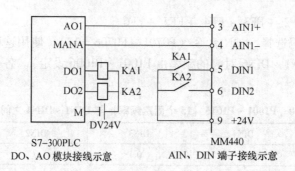

图 3-11　S7-300PLC 与 MM440 变频器 I/O 端子接线示意图

P1070 = 755.0（定义主设定值的信号源：模拟量输入 1 的设定值（AIN1））。

步骤 4：PLC 程序设计。对于 S7-300PLC 的模拟量输出模块，其内部为数字量信号，外部输出为电压、电流模拟量信号。若 AO 模块选择电压输出方式，则数字量 0 ~ 27648 对应输出电压 0 ~ 10V。PLC 程序设计如下：

Network 1:

```
     I0.1      I0.2      I0.0      I0.4      Q4.0
    ──┤├──────┤/├──────┤├──────┤/├──────( )──
     I0.3
    ──┤├──
```

Network 2:

```
     I0.2      I0.1      I0.0      I0.3      Q4.1
    ──┤├──────┤/├──────┤├──────┤/├──────( )──
     I0.4
    ──┤├──
```

Network 3:

```
     I0.3        ┌─── MOVE ───┐
    ──┤├─────────┤EN       ENO├──────
                 │            │
        27648 ──┤IN      OUT├─ PQW256
                 └────────────┘
```

Network 4:

```
     I0.4        ┌─── MOVE ───┐
    ──┤├─────────┤EN       ENO├──────
                 │            │
        22118 ──┤IN      OUT├─ PQW256
                 └────────────┘
```

Network 5:

```
     I0.0        ┌─── MOVE ───┐
    ──┤/├─────────┤EN       ENO├──────
                 │            │
            0 ──┤IN      OUT├─ PQW256
                 └────────────┘
```

3.3.5　任务训练

用 MM440 变频器的 DIN1 ~ DIN5 五个端子分别控制固定频率 10Hz、20Hz、30Hz、40Hz、50Hz。即闭合相应 DIN 端子，变频器以对应频率输出；断开相应 DIN 端子，变频器即停止频率输出。

任务 3.4　变频器与 PLC 的 PROFIBUS-DP 通信控制

【任务要点】

(1) PROFIBUS 现场总线基本知识。

(2) 变频器将 PZD 发送到 CB 的原理。

(3) MM440 PROFIBUS-DP 通信功能图分析。

(4) MM440 PROFIBUS-DP 通信常规参数选择与设置。

(5) S7-300PLC 与 MM440 变频器 DP 通信硬件组态、编程常规方法。

3.4.1　任务描述与分析

3.4.1.1　任务描述

现代工业自动化网络通过 PROFIBUS-DP 现场总线技术，实现 S7-300PLC 与 MM440 变频器的通信控制。通过 PLC 编程的方式，实现变频器的工艺控制。

3.4.1.2　任务分析

本任务介绍了 PROFIBUS-DP 现场总线的基础知识及 MM440 变频器 PROFIBUS-DP 通信的原理，掌握 MM440 变频器控制字、设定值的推算方法，掌握 MM440 变频器的 PROFI-BUS-DP 通信参数的设置方法，使用 STEP7 软件进行 S7-300PLC 与 MM440 变频器的 PRO-FIBUS-DP 硬件组态，使用 STEP7 软件进行 S7-300PLC 与 MM440 变频器的 PROFIBUS-DP 通信程序编写，通过 PLC 编程的方式，实现变频器的工艺控制。

3.4.2　相关知识

3.4.2.1　PROFIBUS 现场总线基础知识

A　现场总线及其国际标准

IEC（国际电工委员会）对现场总线（Fieldbus）的定义是：安装在制造和过程区域的现场装置与控制室内的自动控制装置之间的数字式、串行、多点通信的数据总线称为现场总线。它是当前工业自动化的热点之一。现场总线以开放的、独立的、全数字化的双向多变量通信代替 0～10 或 4～20 现场电动仪表信号。现场总线 I/O 集检测、数据处理、通信为一体，可以代替变送器、调节器和记录仪等模拟仪表，它不需要框架、机柜，可以直接安装在现场导轨槽上。现场总线 I/O 的接线极为简单，只需一根电缆，从主机开始，沿数据链从一个现场总线 I/O 连接到下一个现场总线 I/O。使用现场总线后，自控系统的配线、安装、调试和维护等方面的费用可以节约 2/3 左右。使用现场总线后，操作员可以在中央控制室实现远程监控，对现场设备进行参数调整，还可以通过现场设备的自诊断功能预测故障和寻找故障点。

IEC61158 是迄今为止制订时间最长、意见分歧最大的国际标准之一。制订时间超过 12 年，先后经过 9 次投票，在 1999 年底获得通过。IEC61158 最后容纳了 8 种互不兼容的协议。

类型1：原 IEC61158 技术报告，即现场总线基金会（FF）的 H1；

类型2：Control Net（美国 Rockwell 公司支持）；

类型3：PROFIBUS（德国西门子公司支持）；

类型4：P-Net（丹麦 Process Data 公司支持）；

类型5：FF 的 HSE（原 FF 的 H2，高速以太网，美国 Fisher Rosemount 公司支持）；

类型6：Swift Net（美国波音公司支持）；

类型7：WorldFIP（法国 Alstom 公司支持）；

类型8：Interbus（德国 Phoenix Contact 公司支持）。

各类型将自己的行规纳入 IEC61158，且遵循两个原则：

（1）不改变 IEC61158 技术报告的内容；

（2）8 种类型都是平等的，类型2~8 都对类型1 提供接口，标准并不要求类型2~8之间提供接口。

IEC62026 是供低压开关设备与控制设备使用的控制器电气接口标准，于 2000 年 6 月通过。

（1）IEC62026-1：一般要求；

（2）IEC62026-2：执行器/传感器接口 AS-i（Actuator-Sensor-Interface）；

（3）IEC62026-3：设备网络 DN（Device Network）；

（4）IEC62026-4：Lonworks（Local Operating Networks）总线的通信协议 LonTalk；

（5）IEC62026-5：灵巧配电（智能分布式）系统 SDS（Smart Distributed System）；

（6）IEC62026-6：串行多路控制总线 SMCB（Serial Multiplexed Control Bus）。

B　PROFIBUS 的组成

PROFIBUS 是目前国际上通用的现场总线标准之一，它以其独特的技术特点、严格的认证规范、开放的标准、众多厂商的支持和不断发展的应用行规，已被纳入现场总线的国际标准 IEC61158 和欧洲标准 EN50170，并于 2001 年被定为我国的国家标准 JB/T10308.3—2001。

PROFIBUS 是不依赖生产厂家的、开放式的现场总线，各种各样的自动化设备均可以通过同样的接口交换信息。PROFIBUS 用于分布式 I/O 设备、传动装置、PLC 和基于 PC（个人计算机）的自动化系统。

PROFIBUS 在 1999 年 12 月成为国际标准 IEC61158 的组成部分（Type Ⅲ），PROFI-BUS 的基本部分称为 PROFIBUS-VO。在 2002 年新版的 IEC61156 中增加了 ROFIBU-V1，PROFIBU-V2 和 RS-4851S 等内容。新增的 PROFINET 规范作为 IEC61158 的 Type10。可以用编程软件 STEP 7 或 SIMATIC NET 软件，对 PROFIBUS 网络设备组态和设置参数，启动或测试网络中的节点。

PROFIBUS 由 3 部分组成，即 PROFIBUS-DP（分布式外围设备）、PROFIBUS-PA（过程自动化）和 PROFIBUS-FMS（现场总线报文规范）。

（1）PROFIBUS-DP（Decentralized Periphery，分布式外围设备）。PROFIBUS-DP 是一种高速、低成本的数据传输协议，用于自动化系统中单元级控制设备与分布式 I/O（例如 ET200）的通信。主站之间的通信为令牌方式，主站与从站之间为主从轮询方式，以及这两种方式的混合。一个网络中有若干个被动节点（从站），而它的逻辑令牌只含有一个主动令牌（主站），这样的网络为纯主-从系统。如图 3-12 所示，典型的 PROFIBUS-DP 总线配置是以此种总线存取程序为基础，一个主站轮询多个从站。

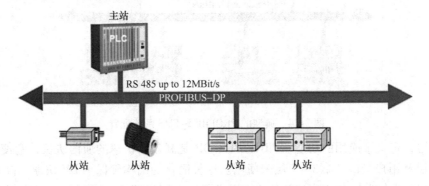

图 3-12　典型的 PROFIBUS-DP 系统组成

（2）PROFIBUS-PA（Process Automation，过程自动化）。PROFIBUS-PA 用于过程自动化的现场传感器和执行器的低速数据传输，使用扩展的 PROFIBUS-DP 协议。传输技术采用 IEC1158-2 标准，可用于防爆区域的传感器和执行器与中央控制系统的通信。使用屏蔽双绞线电缆，由总线提供电源。一个典型的 PROFIBUS-PA 系统配置如图 3-13 所示。

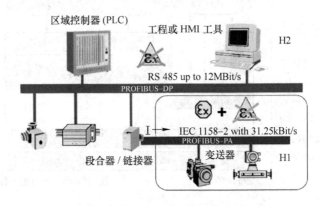

图 3-13　典型的 PROFIBUS-PA 系统配置

（3）PROFIBUS- FMS（Fieldbus Message Specification，现场总线报文规范）。PROFIBUS-FMS 可用于车间级监控网络，FMS 提供大量的通信服务，用以完成中等级传输速率进行的循环和非循环的通信服务。对于 FMS 而言，它考虑的主要是系统功能而不是系统响应时间，应用过程中通常要求的是随机的信息交换，例如改变设定参数。FMS 服务向用户提供了广泛的应用范围和更大的灵活性，通常用于大范围、复杂的通信系统。一个典型的 PROFIBUS-FMS 系统由各种智能自动化单元组成，如 PC、作为中央控制器的 PLC 和作为人机界面的 HMI 等，如图 3-14 所示。

　　C　PROFIBUS 协议结构

　　PROFIBUS 协议以 ISO/OSI 参考模型为基础，其协议结构如图 3-15 所示。第一层为物理层，定义了物理的传输特性；第 2 层为数据链路层；第 3~6 层 PROFIBUS 未使用；第 7

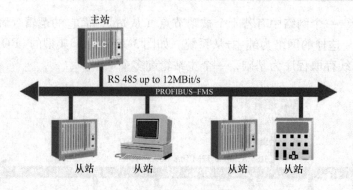

图 3-14　典型的 PROFIBUS-FMS 系统配置

层为应用层，定义了应用的功能。PROFIBUS-DP 是高效、快速的通信协议，它使用了第 1 层、第 2 层及用户接口，第 3~7 层未使用。这种简化的结构确保了 DP 快速、高效的数据传输。直接数据链路映像程序（DDLM）提供了访问用户接口。在用户接口中规定了用户和系统可以使用的应用功能及各种 DP 设备类型的行为特性。

PROFIBUS-FMS 是通用的通信协议，它使用了第 1、2、7 层，第 7 层由现场总线规范（FMS）和低层接口（LLI）所组成。FMS 包含了应用协议，提供了多种强有力的通信服务，FMS 还提供了用户接口。

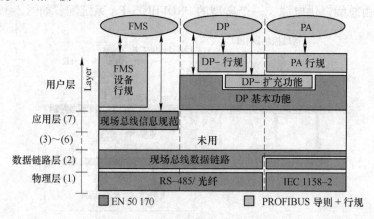

图 3-15　PROFIBUS 协议结构图

D　PROFIBUS 传输技术

PROFIBUS 总线符合 EIA RS485［8］标准，PROFIBUS 使用两端有终端的总线拓扑结构，如图 3-16 所示，保证在运行期间，接入和断开一个或多个站时，不会影响其他站的工作。

PROFIBUS 使用 3 种传输技术：PROFIBUS-DP 和 PROFIBUS-FMS 采用相同的传输技术，可使用 RS-485 屏蔽双绞线电缆传输或光纤传输；PROFIBUS-PA 采用 IEC1158-2 传输技术。

（1）RS-485。PROFIBUS RS-485 的传输程序是以半双工、异步、无间隙同步为基础，传输介质可以是屏蔽双绞线或光纤。PROFIBUS RS-485 若采用屏蔽双绞线进行电气传输，不用中继器时，每个 RS-485 段最多连接 32 个站；用中继器时，可扩展到 126 个站，传输

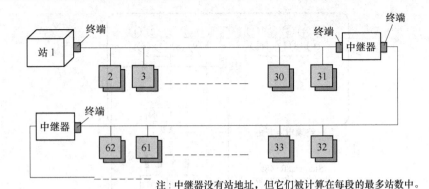

注：中继器没有站地址，但它们被计算在每段的最多站数中。

图 3-16　两端有终端的总线拓扑结构

速率为 9.6kbit/s～12Mbit/s，电缆的长度为 100～1200m。电缆的长度取决于传输速率，传输速率与电缆长度的关系见表 3-12。

表 3-12　传输速率与电缆长度的关系

传输速率/kbit·s^{-1}	9.6～93.75	187.5	500	1500	300～12000
电缆长度/m	1200	1000	400	200	100

（2）光纤。为了适应强度很高的电磁干扰环境或使用高速远距离传输，PROFIBUS 可使用光纤传输技术。使用光纤传输的 PROFIBUS 总线可以设计成星形或环形结构。现在市面上已经有 RS-485 传输链接与光纤传输链接之间的耦合器，这样就实现了系统内 RS-485 和光纤传输之间的转换。

（3）IEC1158-2。IEC1158-2 协议规定，在过程自动化中使用固定速率 31.25kbit/s 进行同步传输，它考虑了应用于化工和石化工业时对安全的要求。在此协议下，通过采用具有本质安全和双线供电技术，PROFIBUS 就可以用于危险区域了，IEC1158-2 传输技术的主要特性见表 3-13。

表 3-13　IEC1158-2 传输技术的主要特性

服　务	功　能	PROFIBUS-DP	PROFIBUS-FMS
SDA	发送数据需应答		√
SRD	发送和请求数据需应答	√	√
SDN	发送数据无应答	√	√
CSRD	循环发送和请求数据需应答		√

E　PROFIBUS 总线连接器

PROFIBUS 总线连接器用于连接 PROFIBUS 站与 PROFIBUS 电缆实现信号传输，一般带有内置的终端电阻，如图 3-17 所示。

3.4.2.2　PROFIBUS-DP 现场总线及 CBP 通信板基础知识

A　PROFIBUS-DP 主站与从站

PROFIBUS-DP 是国际化和开放式的标准现场总线。它广泛地应用在生产和过程自动

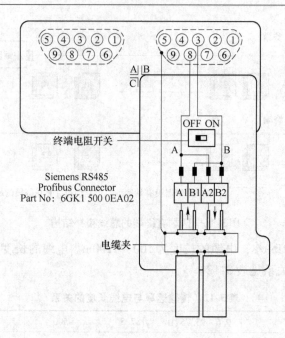

图 3-17　PROFIBUS 总线连接器

化。用国际标准 EN 50170 和 IEC 61158 来保证其中立性和开放性。PROFIBUS-DP 允许现场级快速、实时的数据传送。

使用 PROFIBUS-DP，将主站和从站区别开来。主站决定在总线上的数据传送而且也被设计作为主动节点。

（1）主站。主站分为两类：

第 1 类 DP-主站（DPM1）：是一些中心站，按规定的通讯周期，与从站交换信息。例如：SIMATIC S5，S7 和 SIMADYN D。

第 2 类 DP-主站（DPM2）：这类站点主要是一些编程，计划及监控站点，主要用于配置、启动及运行监控系统。

（2）从站。从站仅能在主站要求时确认所接收或发送的信息，从站也能够被设计作为被动节点，如 CBP，CB15 等。

PROFIBUS 是根据令牌传递过程工作的，即在一个逻辑环中，主站成为一个确定时间窗口的令牌保持者。在这个时间窗口内，拥有令牌的主站能够与其他主站通讯。PROFIBUS 主要使用主-从方式，且通常周期性地与传动装置进行数据交换。采用 PROFIBUS，允许在较高层系统（例如 SIMATIC，SIMADYN D，PC/PGS）和传动装置之间进行快速的数据交换。对传动装置的存取总是按照主-从方式进行。传动装置总为从站，且每个从站本身都有明确的地址。典型的 PROFIBUS 主-从接口如图 3-18 所示。

B　CBP 通讯板

CBP 通讯板（PROFIBUS 通讯板）用于通过 PROFIBUS-DP 把 SIMOVERTMASTERIV-ERS 连接到更高层的自动化系统。CBP 通讯板结构如图 3-19 所示。

通讯板上的三个 LED 指示灯（绿、黄、红）用于提供当前运行状态信息。通讯板的电压通过系统的插头由基本装置提供。按照 PROFIBUS 标准，CBP 通过 9 孔 SUB D 型

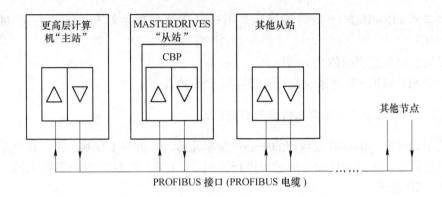

图 3-18　典型的 PROFIBUS 主-从接口

插座连接到 PROFIBUS 系统。该 RS485 接口的所有连接是防短路，并且是电位隔离的。CBP 所支持的波特率从 9.6Kbaud 到 12Mbaud 并且也适于通过光链接插件（OLPs）与光缆连接。

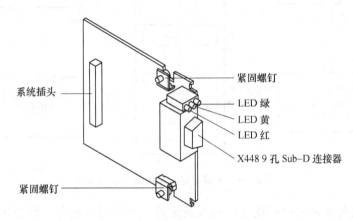

图 3-19　CBP 通信板结构图

（1）CBP 的主要功能为：

根据 PROFIDRIVE（变速传动 PROFIBUS 前置文件）与主站交换有用数据。

非周期的通讯通道用于与 SIMATIC S7-CPU 传输参数，其长度可达 101 个字。

非周期的通讯通道用于链接 PC-based Drive ES 启动和服务工具。

自动接受定义在主站的有用数据结构。

监视总线接口。

支持 SYNC-type PROFIBUS 控制命令。该命令用于同步地从主站到几个从站的数据传送。

支持 FREEZE-type PROFIBUS 控制命令。该命令用于同步地从几个从站到主站的数据传送。

用基本装置中 PMU，CBP 的参数化非常简单。

（2）CBP 的扩展功能为：

设定值/实际值的灵活配置，最多可到 16 个过程数据字。

在同步的 PROFIBUS 上的时钟同步，用于同步地处理主站和从站（仅对 MASTER-DRIVES MC）。

从站间直接数据交换的交叉通讯。

用一个 SIMATIC OP 对系统进行直接存取 USS 协议。

3.4.2.3　西门子变频器输入输出的功能设定

西门子 6SE70、MM440 变频器的中心控制单元 CUVC 拥有 I/O 端子排，这些端子需要先进行功能设定，才能对变频器的运行进行控制。6SE70、MM440 变频器输入输出的功能设定如图 3-20 所示。

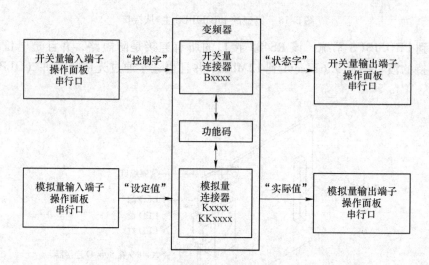

图 3-20　变频器输入输出的功能设定

变频器的输入和输出端子在进行功能设定时，要通过控制字、状态字、开关量连接器、模拟量连接器来进行设定。

控制字：控制字是变频器的控制命令，它通过连接器将变频器的开关量输入端子、PMU、OP1S、串行口与变频器的功能（例如正转、反转等）连接起来，从而能通过 PMU 和输入输出端子来控制变频器的运行。

状态字：状态字是变频器的控制命令，它通过连接器将变频器的开关量输出端子、PMU、OP1S、串行口与变频器的功能（例如故障报警、变频器运行输出信号等）连接起来，从而能通过 PMU 和输入输出端子显示变频器的运行状态。

MM440 变频器的控制字（16 位）的各位含义见表 3-14。

表 3-14　MM440 变频器控制字含义

控制字位	含义（用 0 或 1 表示）	
位 00	ON/OFF1（接通/停车 1）	0 否 1 是
位 01	OFF2：停车 2（按惯性自由停车）	0 是 1 否
位 02	OFF3：停车 3（快速停车）	0 是 1 否

控制字位	含义（用 0 或 1 表示）	
位 03	脉冲释放	0 否 1 是
位 04	RFG（斜坡函数发生器）使能	0 否 1 是
位 05	RFG 开始	0 否 1 是
位 06	设定值释放	0 否 1 是
位 07	故障应答	0 否 1 是
位 08	正向点动	0 否 1 是
位 09	反向点动	0 否 1 是
位 10	由 PLC 进行控制	0 否 1 是
位 11	反向（设定值反相）	0 否 1 是
位 12	（未使用）	
位 13	电动电位计 MOP 升速	0 否 1 是
位 14	电动电位计 MOP 减速	0 否 1 是
位 15	CDS（命令数据组）位 0（本机控制/远程控制）	0 否 1 是

3.4.3　知识拓展

3.4.3.1　什么是 RS232 和 RS485

　　串行通讯采用精心设计的硬件和软件协议。软件协议中规定了信号的波特率、字长、表示的意义等，而且可以由设计者根据其特殊的需要来定义。也可以专门开发符合自己需要的通讯标准，但是，大多数用户还是采用现在已有的标准。典型的串行通讯标准是 RS232 和 RS485。它们定义了电压、阻抗等，但不对软件协议给予定义。

　　RS232：这一标准适用于个人计算机与外围设备的接口。为了进行通讯，通讯伙伴之间要连接若干条互连线，并且约定如何交换数据。最简单的情况是由 3 条连线组成，即发送线（Tx），接收线（Rx）和地线（GND）。RS232 的设计仅适用于相距不远的两台机器之间的通讯，而且，这一台机器的 Tx 线应连接到另一台机器的 Rx 线，反之，这一台机器的 Rx 线应连接到另一台机器的 Tx 线。典型的电压等级是 +/-12V。

　　RS485：这一标准的应用范围要大得多。它是为多台机器之间进行通讯而设计的，有着很高的抗噪声能力，而且允许工作在超长距离的场合（可达 1000m）。RS485 采用差动电压，在 0 与 5V 之间切换。所有的西门子变频器都采用 RS485 硬件，有的也提供 RS232 接口。典型的 RS485 多站接口原理如图 3-21 所示。

3.4.3.2　MM440 将 PZD 发送到 CB 的原理

　　信息系置于每个报文的有用数据区域中，例如：可用 SIMATIC S5 控制单元（主站）将信息传送到传动装置（子站）或由传动装置传送到控制单元。

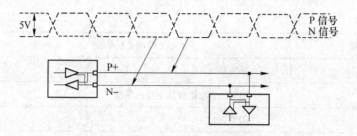

图 3-21　典型的 RS485 多站接口

有用数据块被分为两个区域：

（1）PKW（参数标志值）范围；

（2）PZD（过程数据）范围。

USS 协议报文中有用数据的结构如图 3-22 所示。

图 3-22　USS 协议报文中有用数据的结构

MM440 将 PZD 发送到 CB 的原理如图 3-23 所示。P2051［8］CI：将 PZD 发送到 CB，将 PZD 与 CB 接通。这一参数允许用户定义状态字和实际值的信号源，用于应答 PZD。

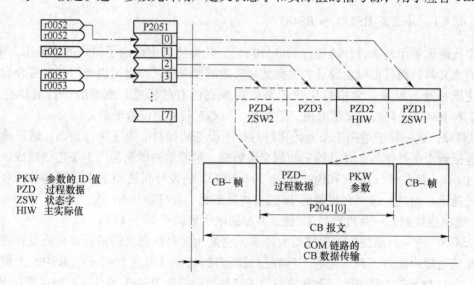

图 3-23　MM440 将 PZD 发送到 CB 的原理图

3.4.4　任务实施

步骤 1：连接 DP 总线。选择一根 PROFIBUS-DP 总线电缆，两端各安装一个 PROFI-

BUS 总线连接器，将总线连接器一端连接至 S7-300PLC CPU 模块的 DP 接口上，另一端连接至 MM440 变频器 CBP 通讯板的 DP 接口上。并将两个总线连接器终端电阻开关拨至"on"位。

步骤 2：设置变频器参数。先对 MM440 变频器进行快速参数化设置，再设置如下通讯参数：

P0003 = 3（进入专家访问级）；

P0700 = 6（控制字由 DP 发出）；

P1000 = 6（主设定值由 DP 发出）；

P0918 = 3（设置变频器的站地址为 3）。

步骤 3：在 Step7 软件中进行硬件组态。打开 Step7 软件的硬件组态窗口，建立一个主站 S7-300PLC 机架，插入相应模块，包括含 DP 接口的 CPU 模块，见图 3-24。

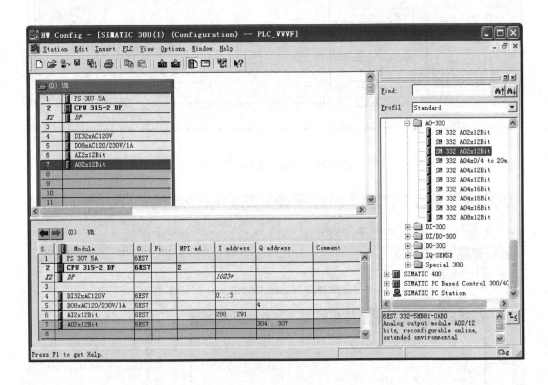

图 3-24 生成主站 PLC

右键单击主站 DP 栏，在展开的菜单中选择"object properties"，在弹出的对话框中点击"properties"按钮，在随后弹出的对话框中点击"New subnet PROFIBUS"，生成一条 PROFIBUS（1），见图 3-25。

选中硬件组态窗口中的"PROFIBUS（1）"，点击展开硬件目录"catalog"，依次点击展开"PROFIBUS DP"、"SIMOVERT"，单击"MICROMASTER 4"，在弹出的对话框中选择 MM440 变频器的站地址为"3"，即在 PROFIBUS（1）上生成一个从站 MM440 变频器，见图 3-26。

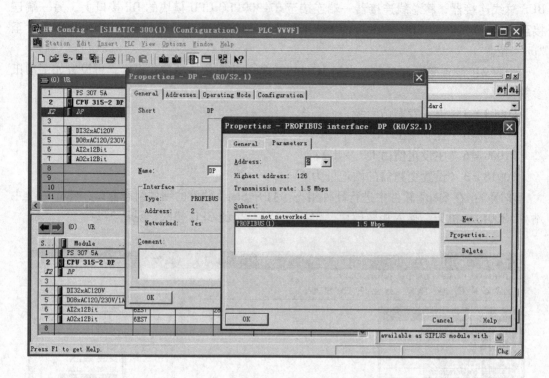

图 3-25　生成一条 PROFIBUS

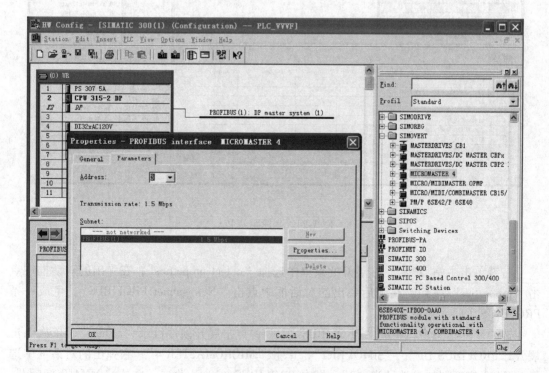

图 3-26　生成一个从站 MM440 变频器（步骤 1）

选中 MM440 变频器所在 3 号从站机架中的 0 号槽，展开硬件目录"MICROMASTER 4"，选择合适的"PPO"类型，例如选择"PPO 1"，然后双击左键，即可在 3 号从站机架中生成 MM440 变频器从站的 DP 通讯 I/O 地址。其中过程值 PZD 的地址为"264-268"字节，见图 3-27。

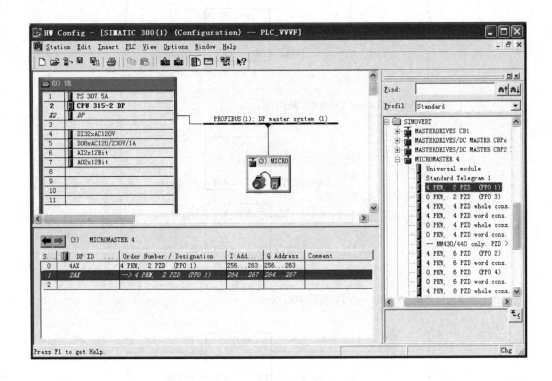

图 3-27　生成一个从站 MM440 变频器（步骤 2）

步骤 4：编写 DP 通信、控制程序。可使用 MOVE 指令编写 PLC 与 VVVF 的通信程序，也可使用"SFC13/SFC15"进行 DP 通信数据的打包传输。下面介绍使用 MOVE 指令编写 PLC 与 VVVF 的通信程序。

根据表 3-14，可计算出 MM440 变频器三个主要的控制字，其中正转控制字为"W#16#47F"，反转控制字为"W#16#C7F"，停车控制字为"W#16#47E"。即可通过 MOVE 指令将控制字和频率设定值分别送至 MM440 的过程值 PZD1、PZD2 对应的 PQW264、PQW266 地址中，从而驱动电机做正转、反转、停车运行，如图 3-28 所示。

3.4.5　任务训练

用 S7-300PLC 通过 DP 总线对 MM440 变频器进行控制，实现电机的自动正反转控制，要求按照图 3-29 的电机运行曲线进行编程。

注意仔细分析运行曲线的控制要求，记录相关运行数据（频率、时间等），绘制电机实际运行曲线，看是否与图 3-29 的曲线一致。

Network 1:PLC–VVVF: 电机正转，50Hz

```
      I1.0                        MOVE
  ─────┤ ├───────┬──────────┤EN      ENO├───────
                 │            │           │
                 │  W#16#47F ─┤IN      OUT├─ PQW264
                 │
                 │            │   MOVE    │
                 └───────────┤EN      ENO├───────
                              │           │
                     16384 ──┤IN      OUT├─ PQW266
```

Network 2:PLC–VVVF: 电机反转，50Hz

```
      I1.1                        MOVE
  ─────┤ ├───────┬──────────┤EN      ENO├───────
                 │            │           │
                 │  W#16#C7F ─┤IN      OUT├─ PQW264
                 │
                 │            │   MOVE    │
                 └───────────┤EN      ENO├───────
                              │           │
                     16384 ──┤IN      OUT├─ PQW266
```

Network 3:PLC–VVVF: 电机停车，0Hz

```
      I0.0                        MOVE
  ─────┤/├───────┬──────────┤EN      ENO├───────
                 │            │           │
                 │  W#16#47E ─┤IN      OUT├─ PQW264
                 │
                 │            │   MOVE    │
                 └───────────┤EN      ENO├───────
                              │           │
                         0 ──┤IN      OUT├─ PQW266
```

图 3-28　编写 DP 通信、控制程序

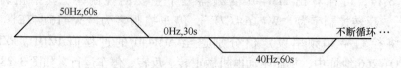

图 3-29　变频器控制电机的运行曲线

任务 3.5　变频器的闭环控制

【任务要点】

（1）闭环控制系统的概念。

（2）PID 控制。

（3）PID 控制器的参数整定。

（4）使用 FB41 进行 PID 调整。

3.5.1　任务描述与分析

3.5.1.1　任务描述

PID 控制器是一种工业控制方式，主要有四种控制规律：比例控制规律、比例积分控制规律、比例微分控制规律、比例积分微分控制规律。它是根据 PID 控制原理对整个控制系统进行偏差调节，从而使被控变量的实际值与工艺要求的预定值一致。

西门子变频器的 PID 控制属于闭环控制，是使控制系统的被控量快速无限接近目标值的一种控制手段。

3.5.1.2　任务分析

本任务介绍了闭环控制系统的基本概念，以及实现变频器 PID 控制的参数整定方法，掌握如何通过修改 PLC 控制程序实现闭环调速和闭环定位的常规做法。

3.5.2　相关知识

3.5.2.1　闭环控制系统的概念

闭环控制系统是把输出量检测出来，经过物理量的转换，再反馈到输入端去与给定量进行比较，并利用比较后的偏差信号，经过控制器或调节器对控制对象进行控制，抑制内部或扰动对输出量的影响，减少输出量的误差。

闭环控制系统的示意图如图 3-30 所示。

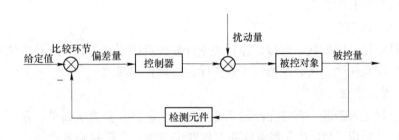

图 3-30　闭环控制系统的示意图

3.5.2.2　PID 控制

PID 控制是闭环控制中最常见的一种形式。传动系统的输出信号作为反馈信号，当输出量偏离所要求的给定值时，反馈信号成比例变化。给定信号与反馈信号在输入端进行比较，获得一个偏差值，经过 PID（Proportion-Integral-Differential，比例-积分-微分）调节，变频器通过改变输出频率，迅速、准确地消除系统偏差，恢复到给定值。

A　比例（P）控制

比例控制是最常用的控制手段之一。其控制器的输出与输入误差信号成比例关系。当仅有比例控制时系统输出存在稳态误差。

B　积分（I）控制

在积分控制中，控制器的输出与输入误差信号的积分成正比关系。对一个自动控制系统，如果在进入稳态后存在稳态误差，则称这个控制系统是有稳态误差的或简称有差系统。为了消除稳态误差，在控制器中必须引入"积分项"。积分项的误差取决于时间的积分，随着时间的增加，积分项会增大。这样，即便误差很小，积分项也会随着时间的增加而加大，它推动控制器的输出增大使稳态误差进一步减小，直到等于零。因此，比例 + 积分（PI）控制器，可以使系统在进入稳态后无稳态误差。

C　微分（D）控制

在微分控制中，控制器的输出与输入误差信号的微分（即误差的变化率）成正比关系。由于自动控制系统存在有较大惯性组件（环节）或有滞后（delay）组件，其具有抑制误差的作用，导致系统的变化滞后于误差的变化，所以自动控制系统在克服误差的调节过程中可能会出现振荡甚至失稳。解决的办法是使抑制误差的作用的变化"超前"，即在误差接近零时，抑制误差的作用就应该是零。这就是说，在控制器中仅引入"比例"项往往是不够的，比例项的作用仅是放大误差的幅值，而目前需要增加的是"微分项"，它能预测误差变化的趋势，这样，具有比例 + 微分的控制器，就能够提前使抑制误差的控制作用等于零，甚至为负值，从而避免了被控量的严重超调。因此对有较大惯性或滞后的被控对象，比例 + 微分（PD）控制器能改善系统在调节过程中的动态特性。

3.5.2.3　PID 控制器的参数整定

PID 控制器的参数整定是根据被控过程的特性确定 PID 的。PID 控制器参数整定的方法很多，概括起来有两大类。

A　理论计算整定法

它主要是依据系统的数学模型，经过理论计算确定控制器参数。这种方法所得到的计算数据未必可以直接用，还必须通过工程实际进行调整和修改。

B　工程整定方法

它主要依赖工程经验，直接在控制系统的试验中进行，且方法简单、易于掌握，在工程实际中被广泛采用。PID 控制器参数的工程整定方法，主要有临界比例法、反应曲线法和衰减法。这三种方法各有其特点，其共同点都是通过试验，然后按照工程经验公式对控制器参数进行整定。但无论采用哪一种方法所得到的控制器参数，都需要在实际运行中进行最后的调整与完善。

这三种方法中最常用的是临界比例法。利用该方法进行 PID 控制器参数的整定步骤如下：

（1）首先预选择一个足够短的采样周期让系统工作；

（2）仅加入比例控制环节，直到系统对输入的阶跃响应出现临界振荡，记下这时的比例放大系数和临界振荡周期；

（3）在一定的控制度下通过公式计算得到 PID 控制器的参数。

3.5.2.4 使用 FB41 进行 PID 调整

FB41 称为连续控制的 PID，用于控制连续变化的模拟量。PID 的初始化可以通过在 OB100 中调用一次，将参数 COM-RST 置位，当然也可在别的地方初始化它，关键的是要控制 COM-RST。PID 的调用可以在 OB35 中完成，一般设置时间为 200ms。

参数说明如下。

A 输入参数

COM_RST（BOOL）：重新启动 PID，当该位 TURE 时，PID 执行重启动功能，复位 PID 内部参数到默认值；通常在系统重启动时执行一个扫描周期，或在 PID 进入饱和状态需要退出时用这个位。

MAN_ON（BOOL）：手动值 ON，当该位为 TURE 时，PID 功能块直接将 MAN 的值输出到 LMN，这可以在 PID 框图中看到；也就是说，这个位是 PID 的手动/自动切换位。

PEPER_ON（BOOL）：过程变量外围值 ON，过程变量即反馈量，此 PID 可直接使用过程变量 PIW（不推荐），也可使用 PIW 规格化后的值（常用），因此，这个位为 FALSE。

P_SEL（BOOL）：比例选择位；该位 ON 时，选择 P（比例）控制有效；一般选择有效。

I_SEL（BOOL）：积分选择位；该位 ON 时，选择 I（积分）控制有效；一般选择有效。

INT_HOLD（BOOL）：积分保持，不去设置它。

I_ITL_ON（BOOL）：积分初值有效，I-ITLVAL（积分初值）变量和这个位对应，当此位 ON 时，则使用 I-ITLVAL 变量积分初值。一般当发现 PID 功能的积分值增长比较慢或系统反应不够时可以考虑使用积分初值。

D_SEL（BOOL）：微分选择位，该位 ON 时，选择 D（微分）控制有效；一般的控制系统不用。

CYCLE（TIME）：PID 采样周期，一般设为 200ms。

SP_INT（REAL）：PID 的给定值。

PV_IN（REAL）：PID 的反馈值（也称过程变量）。

PV_PER（WORD）：未经规格化的反馈值，由 PEPER-ON 选择有效（不推荐）。

MAN（REAL）：手动值，由 MAN-ON 选择有效。

GAIN（REAL）：比例增益。

TI（TIME）：积分时间。

TD（TIME）：微分时间。

TM_LAG（TIME）：和微分有关。

DEADB_W（REAL）：死区宽度，如果输出在平衡点附近微小幅度振荡，可以考虑用死区来降低灵敏度。

LMN_HLM（REAL）：PID 上极限，一般是 100%。

LMN_LLM（REAL）：PID 下极限，一般为 0%，如果需要双极性调节，则需设置为 -100%（正负 10V 输出就是典型的双极性输出，此时需要设置 -100%）。

PV_FAC（REAL）：过程变量比例因子。

PV_OFF（REAL）：过程变量偏置值（OFFSET）。

LMN_FAC（REAL）：PID 输出值比例因子。

LMN_OFF（REAL）：PID 输出值偏置值（OFFSET）。

I_ITLVAL（REAL）：PID 的积分初值；有 I-ITL-ON 选择有效。

DISV（REAL）：允许的扰动量，前馈控制加入，一般不设置。

B　输出参数

LMN（REAL）：PID 输出。

LMN_P（REAL）：PID 输出中 P 的分量（可用于在调试过程中观察效果）。

LMN_I（REAL）：PID 输出中 I 的分量（可用于在调试过程中观察效果）。

LMN_D（REAL）：PID 输出中 D 的分量（可用于在调试过程中观察效果）。

3.5.3　任务实施与训练

3.5.3.1　基于 PLC 模拟量方式的变频器闭环调速控制

A　实训目的

（1）利用可编程控制器及其模拟量模块，通过对变频器的控制，实现电机的闭环调速。

（2）了解可编程控制器在实际工业生产中的应用及可编程控制器的编程方法。

B　控制要求

变频器控制电机，电机上同轴连旋转编码器。编码器根据电机的转速变化而输出电压信号 Vi1（DC 0 ~ +5V）反馈到 PLC 模拟量（电压）输入端，在 PLC 内部与给定量经过 PID 运算处理后，通过 PLC 模拟量（电压）输出端输出一模拟量电压信号 V_{out} 来控制变频器的输出，达到闭环控制的目的。

C　系统原理图

闭环调速控制的原理图见图 3-31。

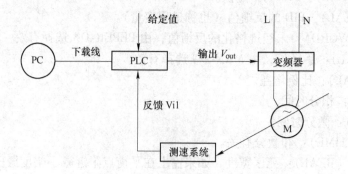

图 3 - 31　闭环调速控制的原理图

D　接线图

闭环调速控制的接线图如图 3-32 所示。

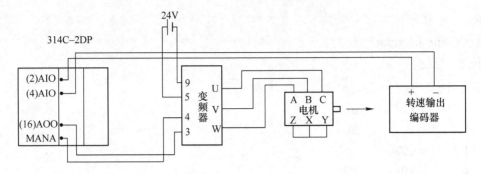

图 3-32 闭环调速控制的接线图

E 实训步骤

实训步骤具体如下：

（1）按表 3-15 对变频器进行参数设置。

表 3-15 MM440 变频器参数设置值

参 数	P0700	P0701	P1000	P0304	P0305	P0307
设置值	2	1	2	380	0.6	0.18

（2）正确将导线连接完毕后，将程序下载至 PLC 主机，将"RUN/STOP"开关拨到"RUN"。

（3）打开 OB35，设定给定值。在程序中的 SP_INT 处写入内部设定值，取值范围为：0~100%（浮点数）。

```
INT_HOLD :=
I_ITL_ON  :=
D_SEL     :=                目标设定值
CYCLE     :=T#50MS
SP_INT    := 5.000000e+000
PV_IN     :=
PV_PER    :=MW10
```

（4）点击监视按钮进入监视界面，置 M0.0 为 1，启动电机转动，观察电机转动频率。

注意：为防止出现安全事故，不得将变频器最大频率设定过大。

（5）电机转动平稳后，记录给定目标转速、电机实际转速和它们之间的偏差，再改变给定值，观察电机转速的变化并记录数据。

注意：由于闭环调节本身的特性，所以电机要过一段时间才能达到目标值。

（6）置 M0.0 为 0，使电机停止转动。观察并记录数据记入表 3-16。

表 3-16 实训数据记录表

给定目标转速/r·min^{-1}	电机实际转速/r·min^{-1}	变频器输出频率/Hz	最大震荡偏差

F　参考程序

OB35："Cyclic Interrupt"

程序段 1：标题：

```
        A        M        0.0
        =        L        20.0
        A        L        20.0
        JNB      _001
        L        PIW      752
        L        W#16#7FFF
        AW
        T        MW       10
_001:   NOP      0
        A        L        20.0
        JNB      _002
        CALL     "CONT_C", DB41      SFB41
        COM_RST    : =
        MAN_ON     : = FALSE
        PVPER_ON   : = TRUE
        P_SEL      : =
        I_SEL      : =
        INT_HOLD   : =
        I_ITL_ON   : =
        D_SEL      : =
        DYCLE      : = T#50MS
        SP_INT     : = 2.000000e + 001
        PV_IN      : =
        PV_PER     : = MW10
        MAN        : =
        GAIN       : = 1.000000e + 000
        TI         : =
        TD         : =
        TM_LAG     : =
        DEADB_W    : =
        LMN_HLM    : =
        LMN_LLM    : =
        PV_FAC     : = 2.000000e + 000
        PV_OFF     : = 0.000000e + 000
        LMN_FAC    : = 1.000000e + 000
        LMN_OFF    : = 0.000000e + 000
        I_ITLVAL   : =
```

```
    DISV         : =
    LMN          : =
    LMN_PER      : = PQW752
    QLMN_HLM     : =
    QLMN_LLM     : =
    LMN_P        : =
    LMN_I        : =
    LMN_D        : =
    PV           : =
    ER           : =
_002: NOP    0
```

程序段 2：标题：

```
    M0.0              MOVE
 ───┤/├───────────┤EN      ENO├──────────
                  │            │
            0 ────┤IN      OUT ├── PQW752
```

3.5.3.2　基于 PLC 通信方式的变频器闭环定位控制

A　实训目的

（1）熟悉变频器与 PLC 之间的通讯方式。

（2）掌握用 PLC 控制电机转速的方法。

B　控制要求

本实验中的 SB1 为启动/停止开关，SB2、SB3 分别为加、减频率按钮。置位 SB1，使系统处于启动状态，再触动 SB2、SB3 对频率进行调节，电机的转速随之而改变。复位 SB1，电机停止转动。

C　系统接线图

闭环定位控制的接线图如图 3-33 所示。

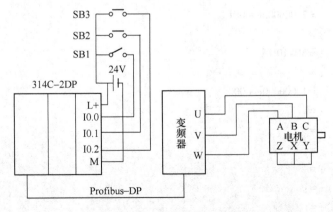

图 3-33　闭环定位控制的接线图

D　实训步骤

（1）正确按接线图接好线后，接通 PLC 电源和变频器电源。

（2）设置变频器参数。

（3）编写控制程序。

（4）按动 SB1、SB2、SB3，观察对电机转速的影响。

E　参考程序

OB35："Cyclic Interrupt"

程序段 1：标题：

```
         A        M        0.0
         =        L        20.0
         A        L        20.0
         JNB      _001
         L        PIW      752
         L        W#16#7FFF
         AW
         T        MW       10
_001:    NOP      0
         A        L        20.0
         JNB      _002
         CALL     "CONT_C", DB41       SFB41
         COM_RST    : =
         MAN_ON     : = FALSE
         PVPER_ON   : = TRUE
         P_SEL      : =
         I_SEL      : =
         INT_HOLD   : =
         I_ITL_ON   : =
         D_SEL      : =
         DYCLE      : = T#50MS
         SP_INT     : = 2.000000e + 001
         PV_IN      : =
         PV_PER     : = MW10
         MAN        : =
         GAIN       : = 1.000000e + 000
         TI         : =
         TD         : =
         TM_LAG     : =
         DEADB_W    : =
         LMN_HLM    : =
         LMN_LLM    : =
         PV_FAC     : = 2.000000e + 000
```

```
    PV_OFF        : = 0.000000e + 000
    LMN_FAC       : = 1.000000e + 000
    LMN_OFF       : = 0.000000e + 000
    I_ITLVAL      : =
    DISV          : =
    LMN           : =
    LMN_PER       : = PQW752
    QLMN_HLM      : =
    QLMN_LLM      : =
    LMN_P         : =
    LMN_I         : =
    LMN_D         : =
    PV            : =
    ER            : =
_002: NOP    0
```

程序段 2：标题：

任务 3.6　MM440 变频器的其他常用控制功能及调试方法

【任务要点】

（1）S 曲线功能设定。

（2）自动再启动和捕捉再启动。

（3）停车和制动。

（4）矢量控制。

（5）闭环 PID 控制。

3.6.1　任务描述与分析

3.6.1.1　任务描述

在工程实际中，变频器还会用到很多其他控制功能，以满足不同设备的调速控制要求。包括 S 曲线功能，自动再启动和捕捉再启动，停车和制动、矢量控制及闭环 PID 控制等。

3.6.1.2　任务分析

本任务介绍了 MM440 其他常用控制功能及调试方法。能根据 S 曲线功能相关参数调试带圆弧时间的 RFG（斜坡函数发生器）。能区分自动再启动和捕捉再启动的特点并进行参数设置。能掌握 MM440 "OFF1、OFF2、OFF3" 三种停车方式及其应用场合。能进行矢量控制及闭环 PID 控制调试。

3.6.2　相关知识

3.6.2.1　S 曲线功能设定

变频器的 RFG（斜坡函数发生器）采用线性的斜坡启动方式只适合于一般负载的控制要求。S 曲线是变频器常用的重要功能，通过定义 RFG 上升/下降时间及相应的平滑圆弧时间，可以有效避免突变性的响应，从而使机械设备免受有害的冲击，因此在变频调速时一般推荐采用带圆弧时间的 RFG。

例如饮料灌装线所用的传送带，当设置了 S 曲线功能后，能在皮带加减速时确保被传送物品的稳定性。又如升降电梯一类负载可以选择 S 曲线启动，这样会使启动和停车时的乘坐感更舒服。但当设定值为模拟输入时，不推荐采用带有圆弧时间的 RFG，因为这将导致变频器响应特性的超调。

MM440 变频器的 S 曲线功能由参数 P1120（斜坡上升时间）、P1130（斜坡上升起始段圆弧时间）、P1131（斜坡上升结束段圆弧时间）、P1132（斜坡下降起始段圆弧时间）、P1133 等参数设定（斜坡下降结束段圆弧时间）。定义平滑圆弧的时间单位为秒，S 曲线功能如图 3-34 所示。

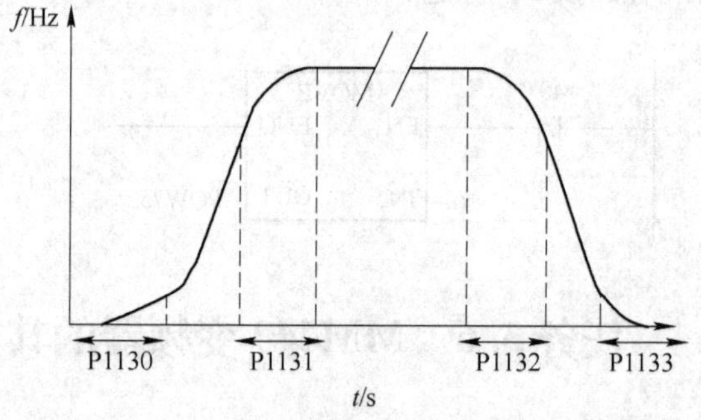

图 3-34　S 曲线功能

3.6.2.2　自动再启动和捕捉再启动

A　自动再启动

自动再启动是指变频器在主电源跳闸或故障后重新启动的功能。自动再启动功能需要启动命令在数字输入并且保持常 ON 的状态才能进行。

自动再启动由参数 P1210 进行设置，P1210 可能的设定值为：

0　禁止自动再启动；

1　上电后跳闸复位；

2　在主电源中断后再启动；

3　在主电源消隐或故障后再启动；

4　在主电源消隐后再启动；

5　在主电源中断和故障后再启动；

6　在电源消隐、电源中断或故障后再启动。

其中"电源消隐"是指电源中断时，并在 BOP 的显示（如果变频器装有 BOP）变暗和消失之前重新加上电源（时间非常短暂的电源中断时，直流回路的电压不会完全消失）。"电源中断"是指在重新加上电源之前 BOP 的显示已经变暗和消失（长时间的电源中断时，直流回路的电压已经完全消失）。需要注意的是：P1210 的设定值大于 2 时，可能在没有触发 ON 命令的情况下引起电动机的自动再启动。

B　捕捉再启动

捕捉再启动是指变频器在激活这一功能时启动，并快速地改变输出频率，去搜寻正在自由旋转的电机的实际速度。一旦捕捉到电机的速度实际值，使电机按常规斜坡函数曲线升速运行到频率的设定值。捕捉再启动这一功能对于驱动带有大惯量负载的电动机来说特别有用。如果电动机仍然在转动（例如供电电源短时间中断之后）或者如果电动机由负载带动旋转的情况下还要重新启动电动机，就需要这一功能。否则，将出现过电流跳闸。

捕捉再启动由参数 P1200 进行设置，P1200 可能的设定值：

0　禁止捕捉再启动功能；

1　捕捉再启动功能总是有效的，从频率设定值的方向开始搜索电动机的实际速度；

2　捕捉再启动功能在上电，故障，OFF2 命令时激活，从频率设定值的方向开始搜索电动机的实际速度；

3　捕捉再启动功能在故障，OFF2 命令时激活，从频率设定值的方向开始搜索电动机的实际速度；

4　捕捉再启动功能总是有效，只在频率设定值的方向搜索电动机的实际速度；

5　捕捉再启动功能在上电，故障，OFF2 命令时激活，只在频率设定值的方向搜索电动机的实际速度；

6　捕捉再启动功能在故障，OFF2 命令时激活，只在频率设定值的方向搜索电动机的实际速度。

3.6.2.3　停车和制动

A　停车

停车指的是将电机的转速降到零速的操作，在 MM440 变频器支持的停车方式包括 OFF1、OFF2、OFF3 三种，见表 3-17。

表 3-17　MM440 变频器停车方式

停车方式	功　能　解　释	应　用　场　合
OFF1	变频器按照 P1121 所设定的斜坡下降时间由全速降为零速	一般场合
OFF2	变频器封锁脉冲输出，电机惯性滑行状态，直至速度为零速	设备需要急停，配合机械抱闸
OFF3	变频器按照 P1135 所设定的斜坡下降时间由全速降为零速	设备需要快速停车

B　制动

为了缩短电机减速时间，实现将电机快速制动，MM440 变频器支持直流制动及能耗制动两种制动方式，见表 3-18。

表 3-18　MM440 变频器制动方式

制动方式	功能解释	相关参数
直流制动	变频器向电机定子注入直流	P1230 = 1，使能直流制动 P1232：直流制动电流 P1233：直流制动持续时间 P1234：直流制动的起始频率
能耗制动	变频器通过制动单元和制动电阻，将电机回馈的能量以热能的形式消耗掉	P1237 = 1 ~ 5，能耗制动的工作/停止周期 P1240 = 0，禁止直流电压控制器，从而防止斜坡下降时间的自动延长

直流制动是指向电动机注入直流制动电流（保持电动机轴不动所加的直流电流），使电动机快速停车。直流注入制动的投入由外部信号源进行控制。当加上直流制动信号时，变频器的输出脉冲被封锁，在电动机完全去磁之前直流电流不能注入。

能耗制动是指变频器通过制动单元和制动电阻，将电机回馈的能量以热能的形式消耗掉。投入这一功能时，当直流回路电压超过能耗制动的接通电压时，即投入能耗制动。

3.6.2.4　矢量控制

变频器的矢量控制，是将测得的变频器实际输出电流按空间矢量方式进行分解，形成转矩电流分量与磁通电流分量两个电流闭环，同时又可借助编码器或内置观测器模型来构成速度闭环，这种双闭环控制方式可以改善变频器的动态响应能力，减小滑差，保证系统速度稳定，确保低频时的转矩输出。矢量控制方式只适用于异步电动机的控制。典型应用场合为行车、皮带运输机、挤出机、空气压缩机等。

变频器的矢量控制包括无传感器矢量控制（SLVC）和带编码器的矢量控制（VC）两类，参数 P1300 可选择变频器的控制方式。

为保证电机数学模型的精确性，以达到较为理想的矢量控制效果，必须进行电机优化操作，其优化步骤为：恢复出厂设置→快速调试→电机静态识别→电机动态优化（注意：电机动态优化必须脱开机械负载）。

如果已经进行了恢复出厂设置和快速调试，可以直接进行电机的静态识别和动态优化，见表 3-19。

表 3-19　电机的静态识别和动态优化

停车方式	参数	功能解释
电机静态识别	P1910	=0 禁止 =1 识别所有电机数据并修改，并将这些数据应用于控制器 =2 识别所有电机数据但不进行修改，这些数据不用于控制器 =3 识别电机磁路饱和曲线并修改激活电机数据识别后将显示报警 A0541，需要马上启动变频器

停车方式	参　数	功 能 解 释
电机动态优化	P1300	=20 无传感器矢量控制 =21 带传感器矢量控制 =22 无传感器的矢量转矩控制 =23 带传感器的矢量转矩控制
	P1960	=1 激活电机动态优化后，将显示报警 A0542，需要马上启动变频器，电机会突然加速

3.6.2.5　闭环 PID 控制

A　PID 控制原理简单说明

MM4 变频器的闭环控制，是应用 PID 控制，使控制系统的被控量迅速而准确地接近目标值的一种控制手段。实时地将传感器反馈回来的信号与被控量的目标信号相比较，如果有偏差，则通过 PID 的控制作用，使偏差为 0，适用于压力控制、温度控制、流量控制等。

B　MM440 变频器 PID 控制原理简图

MM440 变频器 PID 控制原理简图如图 3-35 所示，主要包括主设定值、反馈信号、比例增益、积分系数、微分系数等参数。其中主设定值 P2253、反馈信号 P2264 的参数设置及解释见表 3-20，其他参数的具体设置可参看 MM440 手册。

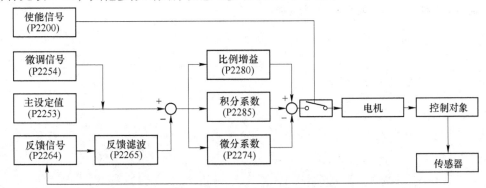

图 3-35　MM440 变频器 PID 控制原理简图

表 3-20　电机的静态识别和动态优化

PID 给定源	设定值	功能解释	说　明
P2253	=2250	BOP 面板	通过改变 P2240 改变目标值
	=755.0	模拟通道 1	通过模拟量大小来改变目标值
	=755.1	模拟通道 2	
PID 反馈源	设定值	功能解释	说　明
P2264	=755.0	模拟通道 1	当模拟量波动较大时，可适当加大滤波时间，确保系统稳定
	=755.1	模拟通道 2	

3.6.3　任务训练

（1）对 MM440 变频器三种停车方式 OFF1、OFF2、OFF3 进行试验，看看有什么不同。

（2）引入实际系统的传感器检测信号，调节主设定值，并调节不同的 P、I、D 参数，观察变频器的运行情况。

习　　题

3-1　MM 系列变频器的操作面板分为几类？

3-2　MM 系列变频器的功能码 Pxxxx、rxxxx 有何含义？Axxxx、Fxxxx 参数有何含义？

3-3　MM 系列变频器参数 P0003、P0004 的功能是什么？

3-4　简述 MM 系列变频器 BOP 上各按钮的功能。

3-5　电动机的铭牌参数如下：额定电压 380V，额定电流 0.6A，额定功率 180W，额定速度 1430r/min，要求电动机加减速时间均为 10s，试使用 MM420 变频器对其进行快速参数化。

3-6　试分类说明 MM440 各 I/O 端子的功能。

3-7　试用 MM440 变频器的 DIN 端子实现固定频率 15Hz、30Hz、45Hz 的控制。

3-8　简述 PROFIBUS 现场总线的分类。

3-9　西门子 6SE70、MM440 变频器的控制字和状态字有何功能？

3-10　简述 MM440 变频器的其他常用控制功能。

学习情境 4　变频器的维护与故障诊断

【知识要点】

知识目标：

(1) 知道变频器日常维护的重要性；

(2) 掌握变频器故障诊断的方法。

能力目标：

(1) 会变频器故障诊断维护；

(2) 会变频器运行中故障的分析与处理。

任务 4.1　变频器的维护

【任务要点】

(1) 变频器维护的重要性。

(2) 变频器的日常检查。

(3) 变频器的定期检修。

4.1.1　任务描述与分析

4.1.1.1　任务描述

现在通用变频器的可靠性已经很高了，但是如果使用不当，仍可能会发生故障或出现运行不稳定的情况，而影响设备的使用寿命及系统的可靠运行，从而带来不必要的经济损失。

4.1.1.2　任务分析

变频器的维护是指对长期运行的变频器进行日常检查和定期维护。由于长期使用，以及周围温度、湿度、振动、粉尘等环境的影响，其性能可能也会发生一定变化，维护可减少突发故障带来的生产损失，提高工作效率。因此，变频器的维护工作是必不可少的。本任务主要针对变频器的日常检查和定期维护进行阐述。

4.1.2　相关知识

4.1.2.1　变频器维护的重要性

A　环境对变频器的影响

变频器在长期运行过程中，由于尘埃、湿度、振动、温度等使用环境的影响，变频器发生故障。运行环境对变频器的影响见表 4-1。

表 4-1　运行环境对变频器的影响

故障原因	故 障 影 响
尘埃过多	(1) 影响风机的转速和进风条件； (2) 影响散热片散热，使变频器出现过热而停机报警； (3) 潮湿的粉尘会引起严重漏电，甚至发生跳火现象
振动	(1) 使接插件出现松动现象，从而产生不良接触，影响变频器正常运行； (2) 使接线端子出现松动现象，产生掉线或跌落在另一根线上，产生短路等严重后果
湿度	湿度过大会使变频器内部绝缘变差，造成主回路短路和击穿等事故
温度	在长期的运行中，由于冷却风机使用接近极限或尘埃、油污等问题导致进风量较少，散热片散热不良等因素，变频器温升过高，从而影响其使用寿命及工作可靠性

B　变频器的日常检查

变频器在正常运行中，通常检查内容及常采用的处理方法如下：

(1) 检查操作面板是否正常。观察面板显示是否缺损、变浅或闪烁，如有异常及时更换面板或检修；

(2) 检查电源电压、输出电压、直流电压是否正常。若三相不平衡或输出电压偏低，说明变频器有潜在故障，必须停机检修。

(3) 检查电源导线、输出导线是否发热、变形、烧坏，如有此情况，通常是接线端松动，必须扭紧。或停机更换导线，拧紧线端。

(4) 检查冷却风机运转是否正常，如不正常应停机清洗或更换风机。

(5) 检查散热器温度是否正常，如不正常，若是环境温度的原因，应采取措施降低环境温度；若是风机故障，应清洗或更换冷却风机。

(6) 检查变频器是否有振动，直接用手摸变频器外壳，可发现较严重的振动现象；用长柄螺丝刀一头触变频器，耳朵贴近螺丝刀柄，可发现轻微的振动现象。这种振动通常是由电动机振动引起的共鸣，可以造成电子器件的机械损伤，用增加胶垫的方法可消除振动。

(7) 检查变频器在运行过程中有无异味。

4.1.2.2　变频器的定期检修

变频器在长期运行中，除了日常检查外，还必须进行定期检修。定期检修时要对变频器进行全面的检修，需要拆下盖板对部件进行逐项检查。定期检修分为停机检修和通电运行检修。

A　停机检修

变频器在做停机检修时，须在停止运行后切断电源打开机壳后进行。必须注意，变频器即使切断了电源，主电路直流部分滤波电容器放电也需要时间，须待充电指示灯熄灭后，用万用表等确认直流电压已降到安全电压（DC25V 以下），然后再进行检查。

运行期间应定期（例如，每 3 个月或 1 年）停机检查以下项目：

（1）功率元器件、印制电路板、散热片等表面有无粉尘、油雾吸附，有无腐蚀及锈蚀现象。

（2）检查滤波电容和印制板上电解电容有无鼓肚变形现象，有条件时可测定实际电容值。

（3）散热风机和滤波电容器属于变频器的损耗件，有定期强制更换的要求。

B　通电试运行检修

通电试运行检查必须和正常运行时一样，把输入电源接好，输出接电动机负载，控制和制动电路都按原样接好。在接通电源数秒后应听到继电器动作的声音（一些变频器由可控硅取代继电器的机型无此声），高压指示灯亮，变频器冷却风机开始运行。

（1）测量输入电压是否在正常值，如不正常，检查配电柜进线电压；测量三相电压平衡情况，是否缺相；检查自动开关或电源接触器有无接触不良现象。

（2）变频器通电，但未给指令运行时，变频器中的逆变模块不应被驱动，逆变模块都处于截止状态，缓冲二极管又反接连接。实际中，由于模块漏电等情况，会有几伏到几十伏不等的电压存在，这属正常情况。若电压超过 40V 就可以判定逆变模块不正常，应予更换。

（3）在正常的前提下（未发现问题或问题已解决），给予变频器运行指令，通常会出现下列问题：

1）速度上升时出现过电流故障。

解决方法：在生产工艺允许的情况下，减小上升速度即延长上升时间，或增大电流设定值。若已达极限，则需更换新的变频器，或更换功率更大一级的变频器。

2）停机时，出现过电压故障。

解决方法：延长停机时间。如果没装制动电阻，应增设制动电阻。已装制动电阻的，可适当增加制动电阻值。如仍出现过电压故障，就需要考虑逆变模块故障或载波频率设定值的问题了。

3）变频器的压频比是否符合要求。

检查方法：将变频器的输出频率调到 50Hz，测变频器的输出端子 U、V、W 之间的电压，其数值应与电动机铭牌上的额定电压一致。否则，应重新设置压频比。同时，可以把输出频率降到 25Hz，变频器的输出电压应该是上次的一半，这反映变频器压频比的线性度。

任务 4.2　　变频器的故障诊断

【任务要点】

（1）变频器运行性能方面的故障诊断及处理。

（2）变频器自身故障的诊断及处理。

（3）MM 系列变频器的故障显示与保护。

4.2.1　任务描述与分析

4.2.1.1　任务描述

本任务是在变频器自身正常的前提下，由于使用过程不当、设置不合理以及变频器调速系统外围等问题，导致的一些故障现象以及对其的处理方法。而在任务实施里将重点介绍变频器自身故障的诊断与处理，同时还详细介绍了 MM 系列变频器的故障显示与保护及其相关参数。

4.2.1.2　任务分析

变频器都具有故障报警功能，主要故障内容相似，仅仅只是各个品牌所用故障代码不同，使用时需参考使用手册，并对几种常见故障报警和诊断方法作介绍。

4.2.2　相关知识

4.2.2.1　变频器运行性能方面的故障诊断及处理

A　过电流

在产生过电流故障时，首先须查看相关参数、检查故障发生时的实际电流，然后根据装置及负载状况判断故障发生的原因。过电流故障诊断流程如图 4-1 所示。

B　过电压

解决的方法是：根据负载惯性适当延长变频器的减速时间。当对动态过程要求高时，必须要通过增设制动电阻来消耗电动机产生的再生能量。需要注意的是：如果因为输入的交流电源本身电压过高，变频器是没有保护能力的。在试运行时必须确认所用交流电源在变频器的允许输入范围内。过电压故障诊断流程如图 4-2 所示。

C　欠电压

欠电压动作值在一定范围内可以设定，动作方式也可通过参数设定。在许多情况下需要根据现场状态设定该保护模式。

由于变频器所处地点的电网电压不稳定，有时会造成电压过低的现象，那么就应该改善电网条件或加装交流稳压器。如果是供电变压器容量偏小，造成变频器接上后电压下降过大，或者甚至爆断电源侧熔丝，造成失压，这时应增大交流电源容量，更换较大的熔丝。还有由于电源缺相也会出现电压过低的现象，这时应该检查交流电源、开关、接触器的每一相触头系统及熔丝是否正常，排除故障点。欠电压故障诊断流程如图 4-3 所示。

4.2.2.2　变频器过热故障

变频器装置过热，首先检查变频器所处环境温度是否过高，或装置内部冷却风扇运行是否正常。另外，由于负载过大，也要考虑调整其变频器容量。变频器过热故障诊断流程如图 4-4 所示。

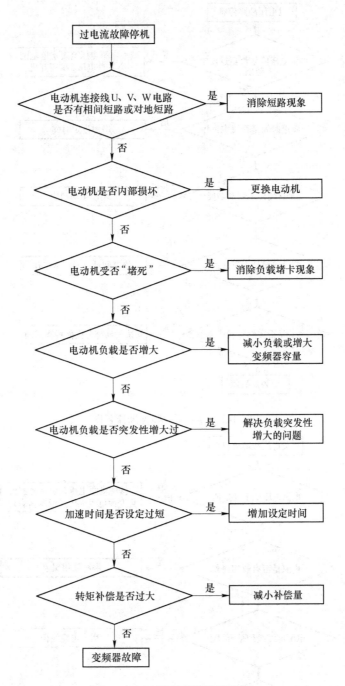

图 4-1　过电流故障诊断流程图

4.2.2.3　拖动电机方面的故障

A　电动机不转

电动机不转或不能启动实际上存在多方原因，具体情况见表 4-2。

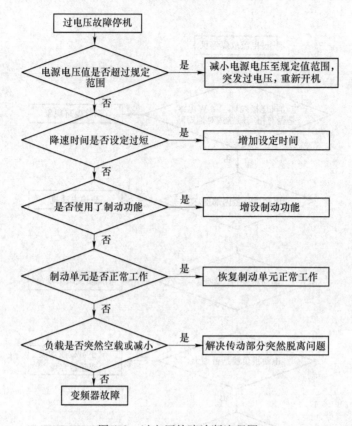

图 4-2　过电压故障诊断流程图

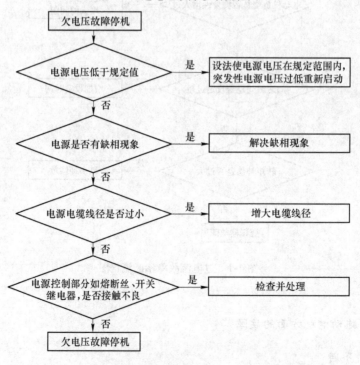

图 4-3　欠电压故障诊断流程图

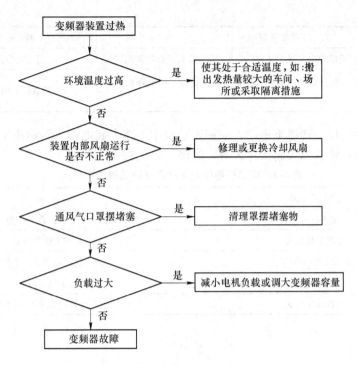

图 4-4　变频器过热故障诊断流程图

表 4-2　电动机不转故障

故 障 及 原 因	排 除 对 策
从交流电源到电机的主回路通道未接通	检查主回路通道中涉及的所有开关、熔丝、接触器是否完好，排除故障点
控制回路没按说明书连接妥当，即不能正常启动变频器	检查控制回路，对照说明书纠正、完善控制回路的接线
各种参数设置是否正常	检查并纠正参数设置
电机是否损坏	检查并更换电机
负载是否有堵死现象	消除负载堵死现象
负载是否过大	调整转矩提升设定量，否则更换大容量变频器

B　电动机能运行，但不能调速

电动机不能调速，可能是由最高频率设置过低，频率上下限定值设定不当，程序运行设定值不正确等原因引起的，故障分析见表 4-3。

表 4-3　电动机能运行，但不能调速

故 障 及 原 因	排 除 对 策
最高频率极限值不正常，最高频率被钳定在低点值	设置正常
频率设定不正确，工作频率被设置在低点值上	设置正常
负载很大，而最大电流设定过小，这样产生最大转矩的能力被限制，无法使电机加速	增加最大电流设定值

续表 4-3

故障及原因	排 除 对 策
虽电流已经达到变频器的最大值（过载能力），但还没有足够的加速转矩	调大变频器的容量
交流电源缺相或某相熔丝熔断，使变频器输出电压过低，电机转矩不足以拖动大负载加速	检查缺相原因，排除

　　电动机运转过程中转速不平滑，或加速过程中失速引起电动机转速不平滑的原因主要是输入交流电不正常或负载起伏过大等。故障分析见表 4-4。

表 4-4　电动机运转中转速不平滑或加速中失速

故障及原因	排 除 对 策
输入交流电压不正常	检查交流电源，看电压是否正常
负载起伏过大	增加大惯性飞轮
频率设定信号受干扰	排除干扰源或采取抗干扰措施
加速时间过短	增加设定时间
负载转矩太大	减小负载转矩或增大变频器容量

4.2.3　拓展知识

　　在这里着重介绍计划与实施对变频器的安装及接线时的注意事项和干扰的对策。

4.2.3.1　接线与防止噪声时的注意事项

　　（1）选用在输出侧最大电流时的电压降为额定电压 2% 以下的电缆尺寸；

　　（2）弱电控制线距离电力电源至少 100mm 以上，绝对不可以放在同一电缆槽内；另外控制电路配线相交时要成直角；

　　（3）控制回路应该采用屏蔽双绞线，双绞线的节距应在 15mm 以下；

　　（4）为了防止多路信号的相互干扰，信号线以采用分别绞合为宜；

　　（5）如果操作指令来自远方，需要控制电路配线变长时，可以采用中继继电器控制。中继继电器的连接方法如图 4-5 所示；

　　（6）地线除了可防触电之外，对防治噪声也很有效，所以一定要接地线。

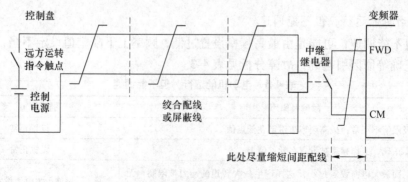

图 4-5　使用中继继电器的连接方法

4.2.3.2 关于输入与输出的注意事项

虽然变频器的优点很多,但也可能引起一些问题,比如产生高次谐波对电源的干扰、功率因数降低、无线电干扰、噪声、振动等。为了避免这些问题发生,必须在变频器的主电路中安装适当的电抗器。图4-6为变频器的电抗器选择连接图。

(1) 在变频器中使用电力晶体管或 IGBT 高速开关可能引起噪声,对附近 10MHz 以下频率的无线电测量及控制设备等无线电波产生影响,必要时选用无线电干扰 (RFI) 抑制电抗器。

(2) 当电源容量大 (及电源阻抗小) 时,会使输入电流的高次谐波增高,使整流二极管或电解电容器的损耗增大而发生故障。为了减小外部干扰,在电源容量 500kV·A 以上,并且是变频器额定容量的 10 倍以上,应连接电源侧 AC 电抗器 (也称为电源协调用电抗器)。

(3) 功率因数校正 DC 电抗器用于校正功率因数,校正后的功率因数为 0.9 ~ 0.95。

(4) 由变频器驱动的电动机的振动和噪声比用常规电网驱动的要大,这是因为变频器输出的谐波增加了电动机的振动和噪声。如在变频器和电动机之间加入降低噪声用电抗器,则具有缓和金属音质的效果,噪声可降低 5dB 左右。

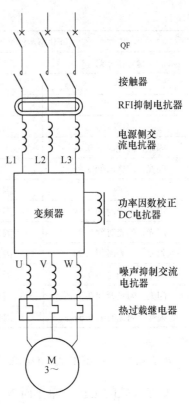

图 4-6　各种电抗器的连接

(5) 输入电压不能超过最大值,200V 系列的极限是 242V (200V × 1.1),400V 系列的极限是 417V (400V × 1.1),如果主电路外加输入电压超过极限,即使变频器没运行也会有问题发生。输入电压过低时,会使最大输出电压降低,所以在高速时会造成电动机转矩不足的现象。

(6) 单相电动机不能用通用变频器驱动。

4.2.4 MM 系列变频器的故障显示与保护

4.2.4.1 用 SDP 显示故障信号

如果变频器安装的是状态显示屏 (SDP),变频器的故障状态和报警信号由屏上的两个 LED 指示灯显示出来。表4-5 说明状态显示屏 (SDP) 上 LED 指示灯各种状态的含义。

表 4-5　状态显示屏 (SDP) 上 LED 指示灯各种状态的含义

LED 指示灯		变频器状态的含义
绿色指示灯	黄色指示灯	
OFF	OFF	主电源未接通
OFF	ON	变频器故障 (以下列出的故障除外)

LED 指示灯		变频器状态的含义
绿色指示灯	黄色指示灯	
ON	OFF	变频器正在运行
ON	ON	运行准备就绪，等待投入运行
OFF	闪光，闪光时间 0.9s	故障：过流
闪光，闪光时间 0.9s	OFF	故障：过压
闪光，闪光时间 0.9s	ON	故障：电动机过温
ON	闪光，闪光时间 0.9s	故障：变频器过温
闪光，闪光时间 0.9s	闪光，闪光时间 0.9s	电流极限报警（两个 LED 同时闪光）
闪光，闪光时间 0.9s	闪光，闪光时间 0.9s	其他报警（两个 LED 交替闪光）
闪光，闪光时间 0.9s	闪光，闪光时间 0.3s	欠电压跳闸/欠电压报警
闪光，闪光时间 0.3s	闪光，闪光时间 0.9s	变频器不在准备状态
闪光，闪光时间 0.3s	闪光，闪光时间 0.3s	ROM 故障（两个 LED 同时闪光）
闪光，闪光时间 0.3s	闪光，闪光时间 0.3s	ROM 故障（两个 LED 交替闪光）

4.2.4.2　用 BOP 或 AOP 显示故障

如果安装的是基本操作面板 BOP，在出现故障时 BOP 将显示故障状态和报警信号。在 BOP 上分别以 Axxxx 和 Fxxxx 表示报警信号和故障信号。如果"ON"命令发出以后电动机不启动，需要检查以下各项：

（1）检查是否 P0010 = 0；

（2）检查给出的"ON"信号是否正常；

（3）检查是否 P0700 = 2（端子控制）或 P0700 = 1（用 BOP 进行控制）；

（4）根据给定信号源 P1000 的不同，检查设定值是否存在（端子 3 上应有 0 ~ 10V）或输入的频率设定值参数号是否正确。

如果在改变参数后电动机仍然不动，需要设定 P0010 = 30 和 P0970 = 1，并按下 P 键，使变频器复位到工厂设定的缺省值。然后在控制板上的端子 5 和 9 之间用开关接通，则驱动装置应运行在与模拟输入相应的设定频率。

需要注意电动机的功率和电压数据必须与变频器的数据相对应。

如果安装的是 AOP，在出现故障时，将在 LCD 液晶显示屏上显示故障码和报警码。

4.2.4.3　故障信息和故障排除

当发生故障时，变频器跳闸，并在显示屏上出现一个故障码。故障信息以故障码序号的形式存放在参数 r0947 中，例如 F0003 = 3。相关的故障值可以在参数 r0949 中查到。如果该故障没有故障值，r0949 中将输入 0，而且可以读出故障发生的时间（r0948）和存放在参数 r0947 中的故障信息序号（P0952）。

（1）过电流 F001。

1）引起故障可能的原因：

电动机的功率（P0307）与变频器的功率（P0206）不对应；电动机电缆太长；电动机的导线短路；有接地故障。

2）故障诊断和应采取的措施：

电动机的功率（P0307）必须与变频器的功率（P0206）相对应；电缆的长度不得超过允许的最大值；电动机的电缆和电动机内部不得有短路或接地故障；输入变频器的电动机参数必须与实际使用的电动参数相对应；输入变频器的定子电阻值（P0350）必须正确无误；电动机的冷却风道必须通畅，电动机不得过载；增加斜坡时间；减少"提升"的数值。

（2）过电压 F0002。

1）引起故障可能的原因：

禁止直流回路电压控制器（P1240 = 0）；直流回路的电压（r0026）超过了跳闸电平（P2172）；由于供电电源电压过高，或者电动机处于生制动方式下引起电压；斜坡下降过快，或者电动机由大惯量负载带动旋转而处于再生制动状态下。

2）故障诊断和应采取的措施：

电源电压（P0210）必须在变频器铭牌规定的范围以内；直流回路电压控制器必须有效（P1240），而且正确地进行了参数化；斜坡下降时间（P1121）必须与负载的惯量相匹配；要求的制动功率必须在规定的限定值以内。

注意：负载的惯量越大需要的斜坡时间越长；外形尺寸为 FX 和 GX 的变频器应接入制动电阻。

（3）欠电压 F0003。

1）引起故障可能的原因：

供电电源故障；冲击负载超过了规定的限定值。

2）故障诊断和应采取的措施：

电源电压（P0210）必须在变频器铭牌规定的范围以内；检查电源是否短时掉电或有瞬时的电压降低；使能动态缓冲（P1240 = 2）。

（4）变频器过温 F0004。

1）引起故障可能的原因：

冷却风量不足；环境温度过高。

2）故障诊断和应采取的措施：

负载的情况必须与工作停止周期相适应；变频器运行时冷却风机必须正常运转；调制脉冲的频率必须设定为缺省值；环境温度可能高于变频器的允许值。

故障值：P0949 = 1 整流器过温；P0949 = 2 运行环境过温；P0949 = 3 电子控制箱过温。

（5）变频器 I^2T 过热保护 F0005。

1）引起故障可能的原因：

变频器过载；工作/间隙周期时间不符合要求；电动机功率（P0307）超过变频器的负载能力（P0206）。

2）故障诊断和应采取的措施：

负载的工作/间隙周期时间不得超过指定的允许值；电动机的功率（P0307）必须与变

频器的功率（P0206）相匹配。

（6）电动机过温 F0011。

1）引起故障可能的原因：

电动机过载。

2）故障诊断和应采取的措施：

负载的工作/间隙周期必须正确；标称的电动机温度超限值（P0626～P0628）必须正确；电动机温度报警电平（P0604）必须匹配。

如果 P0601 = 0 或 1，请检查以下各项：

检查电动机的铭牌数据是否正确（如果没有进行快速调试）；正确的等值电路数据可以通过电动机数据自动检测（P1910 = 1）来得到；检查电动机的重量是否合理，必要时加以修改；如果用户实际使用的电动机不是西门子生产的标准电动机，可以通过参数 P0626、P0627、P0628 修改标准过温值。

如果 P0601 = 2 请检查以下各项：

检查 r0035 中显示的温度值是否合理；检查温度传感器是否是 KTY84（不支持其他型号的传感器）。

（7）变频器温度信号丢失 F0012。

引起故障可能的原因：变频器（散热器）的温度传感器断线。

（8）电动机温度信号丢失 F0015。

引起故障可能的原因：电动机的温度传感器开路或短路。如果检测到信号已经丢失，温度监控开关便切换为监控电动机的温度模型。

（9）电源断相 F0020。

1）引起故障可能的原因：如果三相输入电源电压中的一相丢失便出现故障，但变频器的脉冲仍然允许输出，变频器仍然可以带负载。

2）故障诊断和应采取的措施：检查输入电源各相的线路。

（10）接地故障 F0021。

引起故障可能的原因：如果相电流的总和超过变频器额定电流的 5% 时将引起这一故障。

（11）功率组件故障 F0022。

在下列情况下将引起硬件故障（r0947 = 22 和 r0949 = 1）：直流回路过流（IGBT）短路；制动斩波器短路；接地故障；I/O 板插入不正确。

（12）输出故障 F0023。

引起故障可能的原因：输出的一相断线。

（13）整流器过温 F0024。

1）引起故障可能的原因：

通风风量不足；冷却风机没有运行；环境温度过高。

2）故障诊断和应采取的措施：

变频器运行时冷却风机必须处于运转状态；脉冲频率必须设定为缺省值；环境温度可能高于变频器允许的运行温度。

（14）冷却风机故障 F0030。

1）引起故障可能的原因：风机不再工作。

2）故障诊断和应采取的措施：

在装有操作面板选件（AOP 或 BOP）时，故障不能被屏蔽；需要安装新风机。

（15）在重试再启动后自动再启动故障 F0035。

引起故障可能的原因：试图自动再启动的次数超过 P1211 确定的数值。

（16）电动机参数自动检测故障 F0041。

1）引起故障可能的原因：电动机参数自动检测故障。

报警值 = 0：负载消失；

报警值 = 1：进行自动检测时已达到电流限制的电平；

报警值 = 2：自动检测得出的定子电阻小于 0.1% 或大于 100%；

报警值 = 3：自动检测得出的转子电阻小于 0.1% 或大于 100%；

报警值 = 4：自动检测得出的定子电抗小于 50% 或大于 500%；

报警值 = 5：自动检测得出的电源电抗小于 50% 或大于 500%；

报警值 = 6：自动检测得出的转子时间常数小于 10ms 或大于 5s；

报警值 = 7：自动检测得出的总漏抗小于 5% 或大于 50%；

报警值 = 8：自动检测得出的定子漏抗小于 25% 或大于 250%；

报警值 = 9：自动检测得出的转子漏感小于 25% 或大于 250%；

报警值 = 20：自动检测得出的 IGBT 通态电压小于 0.5V 或大于 10V；

报警值 = 30：电流控制器达到了电压限制值；

报警值 = 40：自动检测得出的数据组自相矛盾，至少有一个自动检测数据错误。

基于电抗 Zb 的百分值 = Vmot，nom /sqrt（3）/ Imot，nom。

2）故障诊断和应采取的措施：

检查电动机是否与变频器正确连接；检查电动机参数 P304 ~ 311 是否正确；检查电动机的接线应该是哪种形式（星形、三角形）。

（17）速度控制优化功能 F0042 故障。

引起故障可能的原因：速度控制优化功能（P1960）故障。

故障值 = 0：在规定时间内不能达到稳定；速度 = 1：读数不合乎逻辑。

（18）参数 EEPROM 故障 F0051。

1）引起故障可能的原因：存储不挥发的参数时出现读/写错误。

2）故障诊断和应采取的措施：工厂复位并重新参数化；与客户支持部门或维修部门联系。

（19）功率组件故障 F0052。

1）引起故障可能的原因：读取功率组件的参数时出错，或数据非法。

2）故障诊断和应采取的措施：与客户支持部门或维修部门联系。

（20）I/O EEPROM 故障 F0053。

1）引起故障可能的原因：读 I/O EEPROM 信息时出错，或数据非法。

2）故障诊断和应采取的措施：检查数据；更换 I/O 模块。

（21）I/O 板错误 F0054。

1）引起故障可能的原因：连接的 I/O 板不对；I/O 板检测不出识别号，检测不到数据。

2) 故障诊断和应采取的措施：检查数据，更换 I/O 模板。

（22）Asic 超时 F0060。

1) 引起故障可能的原因：内部通讯故障。

2) 故障诊断和应采取的措施：如果存在故障请更换变频器；或与维修部门联系。

（23）CB 设定值故障 F0070。

1) 引起故障可能的原因：在通讯报文结束时，不能从 CB（通讯板）接收设定值。

2) 故障诊断和应采取的措施：检查 CB 板和通讯对象。

（24）USS（BOP-链接）设定值故障 F0071。

1) 引起故障可能的原因：在通讯报文结束时，不能从 USS 得到设定值。

2) 故障诊断和应采取的措施：检查 USS 主站。

（25）USS（COMM 链接）设定值故障 F0072。

1) 引起故障可能的原因：在通讯报文结束时，不能从 USS 得到设定值。

2) 故障诊断和应采取的措施：检查 USS 主站。

（26）ADC 输入信号丢失 F0080。

引起故障可能的原因：断线；信号超出限定值。

（27）外部故障 F0085。

1) 引起故障可能的原因：由端子输入信号触发的外部故障。

2) 故障诊断和应采取的措施：封锁触发故障的端子输入信号。

（28）编码器反馈信号丢失 F0090。

1) 引起故障可能的原因：从编码器来的信号丢失。

2) 故障诊断和应采取的措施：检查编码器的安装固定情况，设定 P0400 = 0，并选择 SLVC 控制方式（P1300 = 20 或 22）；如果装有编码器，请检查编码器的选型是否正确（检查参数 P0400 的设定）；检查编码器与变频器之间的接线；检查编码器应无故障（选择 P1300 = 0，在一定速度下运行，检查 r0061 中的编码器反馈信号）；增加编码器反馈信号消失的门限值（P0492）。

（29）功率组件溢出 F0101。

1) 引起故障可能的原因：软件出错或处理器故障。

2) 故障诊断和应采取的措施：运行自测试程序。

（30）PID 反馈信号低于最小值 F0221。

1) 引起故障可能的原因：PID 反馈信号低于 P2268 设置的最小值。

2) 故障诊断和应采取的措施：改变 P2268 的设置值或调整反馈增益系数。

（31）PID 反馈信号高于最大值 F0222。

1) 引起故障可能的原因：PID 反馈信号超过 P2267 设置的最大值。

2) 故障诊断和应采取的措施：改变 P2267 的设置值或调整反馈增益系数。

（32）BIST 测试故障 F0450。

1) 引起故障可能的原因：有些功率部件的测试有故障；有些控制板的测试有故障；有些功能测试有故障；上电检测时内部 RAM 有故障。

2) 故障诊断和应采取的措施：变频器可以运行，但有的功能不能正确工作；检查硬件与客户支持部门或维修部门联系。

（33）检测出传动皮带有故障 F0452。

1）引起故障可能的原因：负载状态表明传动皮带故障或机械有故障。

2）故障诊断和应采取的措施：驱动链有无断裂、卡死或堵塞现象；外接速度传感器（如果采用的话）是否正确地工作；检查参数：P2192（与允许偏差相对应的延迟时间）的数值必须正确无误；如果采用转矩控制，以下参数的数值必须正确无误：

P2182（频率门限值 f1）；

P2183（频率门限值 f2）；

P2184（频率门限值 f3）；

P2185（转矩上限值 1）；

P2186（转矩下限值 1）；

P2187（转矩上限值 2）；

P2188（转矩下限值 2）；

P2189（转矩上限值 3）；

P2190（转矩下限值 3）；

P2192（与允许偏差对应的延迟时间）。

4.2.4.4　报警信息和故障排除

报警信息以报警码序号的形式存放在参数 r2110 中（例如 A0503 = 503）。相关的报警信息可以在参数 r2110 中查到。

（1）电流限幅 A0501。

1）引起故障可能的原因：电动机的功率与变频器的功率不匹配；电动机的连接导线太短；接地故障。

2）故障诊断和应采取的措施：电动机的功率（P0307）必须与变频器功率（P0206）相对应；电缆的长度不得超过最大允许值；电动机电缆和电动机内部不得有短路或接地故障；输入变频器的电动机参数必须与实际使用的电动机一致；定子电阻值（P0350）必须正确无误；电动机的冷却风道是否堵塞，电动机是否过载。

（2）过压限幅 A0502。

1）引起故障可能的原因：达到了过压限幅值；斜坡下降时如果直流回路控制器无效（P1240 = 0）就可能出现这一报警信号。

2）故障诊断和应采取的措施：电源电压（P0210）必须在铭牌数据限定的数值以内；禁止直流回路电压控制器（P1240 = 0）；斜坡下降时间（P1121）必须与负载的惯性相匹配；要求的制动功率必须在规定的限度以内。

（3）欠压限幅 A0503。

1）引起故障可能的原因：供电电源故障；供电电源电压（P0210）和与之相应的直流回路电压（r0026）低于规定的限定值（P2172）。

2）故障诊断和应采取的措施：电源电压（P0210）必须在铭牌数据限定的数值以内；对于瞬间的掉电或电压下降必须是不敏感的；使能动态缓冲（P1240 = 2）。

（4）变频器过温 A0504。

1）引起故障可能的原因：变频器散热器的温度（P0614）超过了报警电平，将使调制脉冲的开关频率降低和/或输出频率降低（取决于（P0610）的参数化）。

2）故障诊断和应采取的措施：环境温度必须在规定的范围内；负载状态和工作/停止周期时间必须适当；变频器运行时，风机必须投入运行；脉冲频率（P1800）必须设定为缺省值。

（5）变频器 I2T 过温 A0505。

1）引起故障可能的原因：如果进行了参数化（P0290），超过报警电平（P0294）时，输出频率和/或脉冲频率将降低。

2）故障诊断和应采取的措施：检查工作/停止周期的工作时间应在规定范围内；电动机的功率（P0307）必须与变频器的功率相匹配。

（6）变频器的工作/停止周期 A0506。

1）引起故障可能的原因：散热器温度与 IGBT 的结温之差超过了报警的限定值。

2）故障诊断和应采取的措施：检查工作/停止周期和冲击负载应在规定范围内。

（7）电动机 I2TA0511 过温。

1）引起故障可能的原因：电动机过载；负载的工作/停止周期中工作时间太长。

2）故障诊断和应采取的措施：负载的工作/停机周期必须正确；电动机的过温参数（P0626 ~ P0628）必须正确；电动机的温度报警电平（P0604）必须匹配。

如果 P0601 = 0 或 1 请检查以下各项：铭牌数据是否正确（如果不执行快速调试）；在进行电动机参数自动检测时（P1910 = 0），等效回路的数据应准确；电动机的重量（P0344）是否可靠，必要时应进行修改；如果使用的电动机不是西门子的标准电机，应通过参数 P0626，P0627，P0628 改变过温的标准值。

如果 P0601 = 2 请检查以下各项：r0035 显示的温度值是否可靠；传感器是否是 KTY 84 不支持其他的传感器。

（8）电动机温度信号丢失 A0512。

引起故障可能的原因：至电动机温度传感器的信号线断线。如果已检查出信号线断线，温度监控开关应切换到采用电动机的温度模型进行监控。

（9）整流器过温 A0520。

1）引起故障可能的原因：整流器的散热器温度超出报警值。

2）故障诊断和应采取的措施：环境温度必须在允许限值以内；负载状态和工作/停止周期时间必须适当；变频器运行时冷却风机必须正常转动。

（10）运行环境过温 A0522。

1）引起故障可能的原因：运行环境温度超出报警值。

2）故障诊断和应采取的措施：环境温度必须在允许限值以内；变频器运行时冷却风机必须正常转动；冷却风机的进风口不允许有任何阻塞。

（11）输出故障 A0523。

1）引起故障可能的原因：输出的一相断线。

2）故障诊断和应采取的措施：对报警信号加以屏蔽。

（12）制动电阻过热 A0535。

故障诊断和应采取的措施：增加工作/停止周期（P1237）；增加斜坡下降时间 P1121。

（13）电动机数据自动检测已激活 A0541。

引起故障可能的原因：已选择电动机数据的自动检测（P1910）功能或检测正在进行。

（14）速度控制优化激活 A0542。

引起故障可能的原因：已经选择速度控制的优化功能（P1960）或优化正在进行。

（15）编码器反馈信号丢失的报警 A0590。

1）引起故障可能的原因：从编码器来的反馈信号丢失，变频器切换到无传感器矢量控制方式运行。

2）故障诊断和应采取的措施：检查编码器的安装情况，如果没有安装编码器，应设定 P0400 = 0，并选择 SLVC 运行方式（P1300 = 20 或 22）；如果装有编码器，请检查编码器的选型是否正确（检查参数 P0400 的编码器设定）；检查变频器与编码器之间的接线；检查编码器有无故障（选择 P1300 = 0，使变频器在某一固定速度下运行），检查 r0061 的编码器反馈信号；增加编码器信号丢失的门限值（P0492）。

（16）直流回路最大电压 V_{dc-max} 控制器未激活 A0910。

1）引起故障可能的原因：直流回路最大电压 V_{dc-max} 控制器未激活，因为控制器不能把直流回路电压（r0026）保持在（P2172）规定的范围内；如果电源电压（P0210）一直太高，就可能出现这一报警信号；如果电动机由负载带动旋转，使电动机处于再生制动方式下运行，就可能出现这一报警信号；在斜坡下降时，如果负载的惯量特别大，就可能出现这一报警信号。

2）故障诊断和应采取的措施：输入电源电压（P0756）必须在允许范围内；负载必须匹配。

（17）直流回路最大电压 V_{dc-max} 控制器已激活 A0911。

引起故障可能的原因：直流回路最大电压 V_{dc-max} 控制器已激活，因此，斜坡下降时间将自动增加，从而自动将直流回路电压（r0026）保持在限定值（P2172）以内。

（18）直流回路最小电压 V_{dc-min} 控制器已激活 A0912。

引起故障可能的原因：如果直流回路电压（r0026）降低到最低允许电压（P2172）以下，直流回路最小电压 V_{dc-min} 控制器将被激活；电动机的动能受到直流回路电压缓冲作用的吸收，从而使驱动装置减速；短时的掉电并不一定会导致欠电压跳闸。

（19）ADC 参数设定不正确 A0920。

引起故障可能的原因：ADC 的参数不应设定为相同的值，因为，这样将产生不合乎逻辑的结果：

标记 0：参数设定为输出相同；标记 1：参数设定为输入相同；标记 2：参数设定输入不符合 ADC 的类型。

（20）DAC 参数设定不正确 A0921。

引起故障可能的原因：ADC 的参数不应设定为相同的值，因为，这样将产生不合乎逻辑的结果：

标记 0：参数设定为输出相同；标记 1：参数设定为输入相同；标记 2：参数设定输入不符合 ADC 的类型。

（21）变频器没有负载 A0922。

引起故障可能的原因：变频器没有负载；有些功能不能像正常负载情况下那样工作。

（22）同时请求正向和反向点动 A0923。

引起故障可能的原因：已有向前点动和向后点动（P1055／P1056）的请求信号，这将使 RFG 的输出频率稳定在它的当前值。

（23）检测到传动皮带故障 A0952。

1）引起故障可能的原因：电动机的负载状态表明皮带有故障或机械有故障。

2）故障诊断和应采取的措施：驱动装置的传动系统有无断裂、卡死或堵塞现象；外接的速度传感器（如果采用速度反馈的话）工作应正常，P0409（额定速度下每分钟脉冲数）、P2191（回线频率差）和 P2192（与允许偏差相对应的延迟时间）的数值必须正确无误；必要时加润滑；如果使用转矩控制功能，请检查以下参数的数值必须正确无误：

P2182（频率门限值 f1）；

P2183（频率门限值 f2）；

P2184（频率门限值 f3）；

P2185（转矩上限值 1）；

P2186（转矩下限值 1）；

P2187（转矩上限值 2）；

P2188（转矩下限值 2）；

P2189（转矩上限值 3）；

P2190（转矩下限值 3）；

P2192（与允许偏差相对应的延迟）。

4.2.5　任务实施

就变频器自身的故障而言，无非是功率模块损坏、各种故障显示、操作盘无显示、操作盘显示正常但变频器无法启动等现象，下面以变频器自身常见故障为例进行任务实施分析。图 4-7 为变频器功率模块保护系统框图。

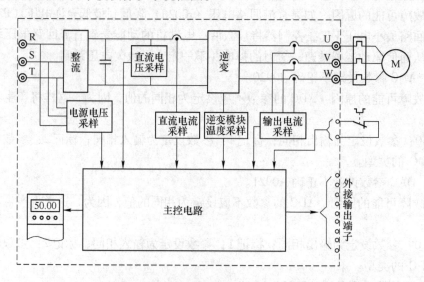

图 4-7　变频器功率模块保护系统框图

步骤 1：功率模块损坏处理。对于一台有故障的变频器进行修理时，首先应在不通电的情况下检查其功率模块是否损坏。

（1）检查方法。检查方法就是直接在 R、S、T、V、U、W 和 P、N 接线柱上检测。方法如下：

1）整流模块检查。选用万用表 Ω 挡，红表笔（＋）放在 P 接线柱上，黑表笔（－，COM）分别测 R、S、T 接线柱，电阻值应较小，约几十欧姆，且三个阻值相近；红表笔（＋）放在 N 接线柱上，黑表笔（－，COM）分别测 R、S、T 接线柱，电阻值应很大（伴有充电现象，电阻值逐渐增大），约几百千欧姆。黑表笔放在 P 接线柱上，红表笔分别测 R、S、T 接线柱，电阻值应很大，约几百千欧姆；黑表笔放在 N 接线柱上，红表笔分别测 R、S、T 接线柱，电阻值应较小，约几十欧姆。

2）逆变模块检查。和检查整流模块同样的方法，同样的结果，可初步认为逆变模块正常，但不能完全确定。上述结果只能说明，逆变模块中的续流二极管正常及逆变开关元件无损坏短路现象。

一旦查出功率模块损坏后，就不能再通电，可直接拆机、清洗，进一步检查修理。其检测方法如图 4-8 所示。

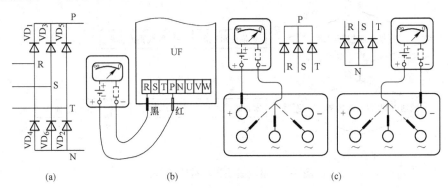

图 4-8　整流桥的粗测
（a）整流桥电路；（b）端子测量；（c）模块测量

要点：记住各二极管两端的端子符号。

（2）整流模块损坏。整流模块损坏可能是模块自身老化损坏，也有可能是由主回路存在短路现象引起的。故障诊断流程如图 4-9 所示。

（3）逆变模块损坏。逆变模块损坏多半是由于驱动电路损坏，致使一个桥臂上的两个开关元件同时间导通造成的。故障诊断流程如图 4-10 所示。

1）IGBT 管的简单测试。测试方法如图 4-11 所示。

2）IGBT 管的损坏原因。IGBT 管的损坏原因主要是环境温度太高会致使其交替导通时死区变窄，容易直通；或者负荷电流太大，延长其关断时间，结温升高，死区变窄，容易直通；再就是驱动电压不足，容易因进入放大状态而烧坏。而驱动不足会导致下列现象的出现：

输出不平衡：输出电压和电流不平衡可能原因之一，是驱动问题；

IGBT 管饱和导通：功耗小于额定功耗；

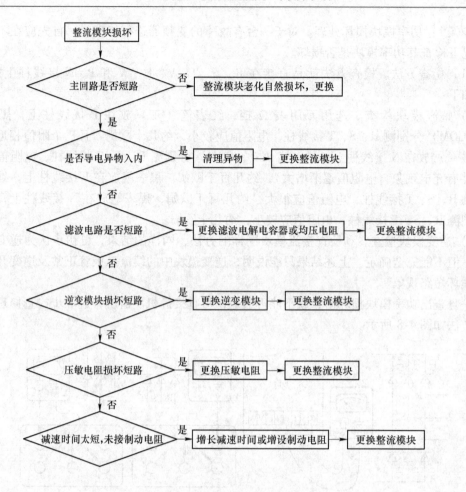

图 4-9　整流模块损坏故障流程图

IGBT 管截止：功耗接近于 0；

IGBT 管处于放大状态：功耗远超过额定功耗，必烧无疑。

IGBT 的驱动电路如图 4-12 所示。

⑮ – ⑭间得到信号：V_{01} 导通、V_{02} 截止，G 极接 20V，E 极接 5V，$U_{GE} = 15V$，IGBT 导通；

⑮ – ⑭间无信号：V_{01} 截止、V_{02} 导通，G 极接 0V，E 极仍接 5V，$U_{GE} = -5V$，IGBT 截止。

步骤 2：无任何显示故障处理。变频器通过上述静态检查，确定整流模块和逆变模块均无损坏。接通电源后，变频器操作盘显示部分不亮，高压充电显示灯不亮。如无高压充电显示灯的变频器，测量 P、N 间无直流高压，这种故障是变频器无直流高压输出，问题在主回路上。故障处理流程如图 4-13 所示。

步骤 3：有充电显示，键盘面板无显示故障处理。变频器通电后，有充电显示，说明变频器主回路直流供电正常。键盘面板无显示是键盘面板上无直流供电。这可能是整个开关电源不工作，也可能是开关电源工作，而给键盘面板供电的这部分不正常。

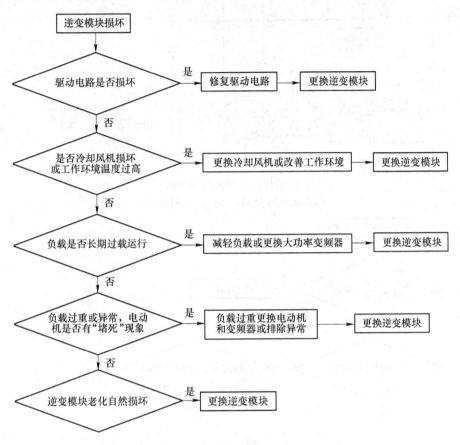

图 4-10　逆变模块损坏故障流程图

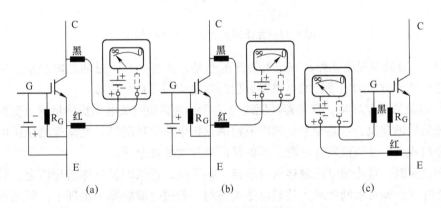

图 4-11　IGBT 管的简单测试

（a）控制极反偏；（b）控制极正偏；（c）控制极的测量

　　如此则先检查接通电源数秒后能否听到继电器动作的声音，冷却风机是否运转。如能听到继电器动作的声音以及风机正常运转，则说明开关电源总体工作正常。接着可测量其他集成电路芯片上有无直流供电。有则说明开关电路总体正常，无则说明开关电源电路不工作，需更换相应器件。

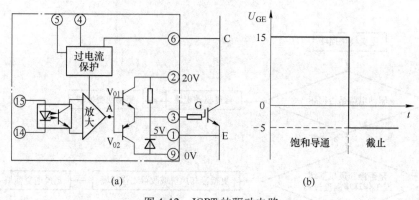

图 4-12　IGBT 的驱动电路

（a）驱动模块电路；（b）G、E 间的电压

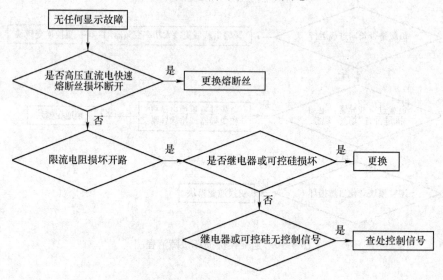

图 4-13　无任何显示故障处理流程图

步骤4：有故障显示处理。在这里要强调的是，在前面介绍过的故障显示，主要是指变频器运行调速方面的故障，而这里要分析的则是变频器自身故障。

（1）过流或过载故障。变频器不驱动电动机，或驱动空载电动机的情况，变频器出现过流或过载故障现象，这是变频器的电流检测保护电路出现问题。电流检测保护电路主要由两部分组成，一是电流取样电路，再就是信号放大处理电路。

诊断故障时，首先把电流取样信号短路，或开路，可依现场具体情况而定，若过电流故障仍然存在，即可诊断为放大处理电路的问题。若过电流故障不出现了，问题就出现在取样元件上。

再就是干扰信号产生过电流故障。必须增设抗干扰电路，一般对地并联小容量电容即可。

（2）欠压故障。由变频器引起的欠压故障，主要是由变频器直流电压过低，故障保护电路损坏造成的。变频器的整流模块缺相，其输出直流脉动电压过低，滤波电容器老化，带负载运行时会出现直流电压过低现象。故障现象如图 4-14 所示。图 4-14（a）为限流电阻损坏：电容器不能充电；图 4-14（b）为电源缺相：整流后平均电压下降。

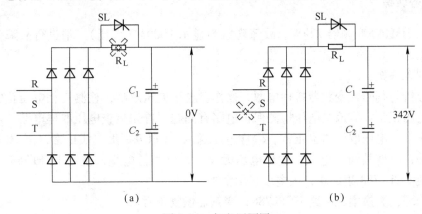

图 4-14 欠电压原因
（a）限流电阻损坏；（b）电源缺相

（3）过压故障。变频器出现过压故障显示停机，外部系统正常，各参数设定也合适，则问题出在变频器内部。变频器内部制动电路失控，变频器在降速过程中，尽管有制动电阻，但其电路失控，相当于没接制动电阻，从而出现过压故障显示停机。

另外，变频器的电压取样电路或信号放大处理电路损坏，都会造成过电压的现象。检查分压电阻值的变化情况，换上准确值电阻；检查信号放大电路，光耦隔离集成电路通常比较容易损坏，需对其进行修复。

（4）散热板过热故障。变频器显示散热板过热故障，变频器的逆变模块、整流模块老化，导通、饱和电压升高，发热较严重。冷却风机损坏或老化，通风口堵塞，散热板吸附油垢或灰尘，热传感器损坏或散热保护电路损坏等情况都有可能造成散热板过热故障。

（5）通讯故障。变频器显示通讯故障，有两种情况，一种情况是变频器不能与面板通讯，另一种是变频器不能通过通讯接口与可编程或上位机通讯，这两种情况都可能是由于 CPU 或内存损坏，只能更换主控制板。

步骤 5：无故障显示，不能工作故障处理。变频器经过静态检测，确定整流模块和逆变模块正常的情况下，接通变频器电源后，操作盘上的显示正常，无任何故障显示，但不能运行。而通过变频器的三种操作方式（控制面板操作、外控接线端子操作、键盘操作）均不能启动运行，通常可断定 CPU 出了问题，CPU 出问题则只能更换控制板。

如果是键盘面板控制方式不能启动运行，通常是由键盘面板失效，或键盘面板与控制板的信号连接插接件接触不良造成的。而外控接线端子控制方式不能正常工作，则是由控制变频器输出频率的模拟输入信号没有送入或控制正反转信号未到位造成的。通讯接口控制方式不能正常工作，是由于通讯接口插接件接触不良，再就是通讯信号传输、转换电路出现故障。

步骤 6：输出电压波动，电动机运行抖动。变频器输出电压不稳定，有一定的波动，使其驱动的电动机运转产生抖动现象，主要原因是逆变桥的六个开关元件中，有一个不工作，也可能是这个开关元件损坏造成开路或是一路驱动电路工作不正常。再者是 CPU 出现故障，输出的 PWM 信号不正常，导致变频器的输出电压产生波动现象，使电动机运行抖动。

4.2.6　任务训练

西门子 MM440 变频器 22kW, 故障现象为显示 F0003 (欠压), 请进行故障分析并写出处理意见。

任务训练答案:

故障分析与判断: 变频器接通电源, 操作盘显示欠压故障, 检测三相电压正常, 高压直流供电电压正常。应该是电压检测保护电路有问题。首先检查电压取样电路, 电阻值正常, 电容正常, 电压取样值也正常。取样电压送入 HCPL788 集成块正常, 测 HCPL788 输出为低电平, 改变其输入电压, 输出电压无反应, 仍为低电平, 说明 HCPL788 集成块已损坏, 更换 HCPL788 集成块, 欠电压显示消失。

故障处理: 更换集成电路 HCPL788, 变频器恢复正常。

故障原因: 这台变频器通电后出现欠压故障显示, 是由于电压检测保护电路中的 HCPL788 集成电路损坏, 其输出电压始终为低电平, 相当于变频器欠压后, 取样电压下降至规定值以下, HCPL788 集成电路相应输出较低电压值。CPU 接收到欠压报警信号后, 便在操作盘上显示出欠电压故障代码。

习　　题

4-1　简述环境对变频器的影响。

4-2　简述变频器的日常检查内容。

4-3　简述变频器定期检修的内容。

4-4　变频器运行性能方面的故障包括哪些?

4-5　西门子 MM440 变频器: 11kW, 故障现象为显示 F0002 (过电压), 请进行故障分析并写出处理意见。

学习情境5 变频器在工业自动化中的典型应用

【知识要点】

知识目标：

(1) 知道变频器在恒转矩负载、重力负载、风机泵类负载、恒功率负载调速中的应用特点；

(2) 掌握变频器在各类典型应用中的控制方案；

(3) 掌握PLC与变频器联合控制的基本方法。

能力目标：

(1) 会分析工艺流程及控制要求；

(2) 会选择控制各类负载的变频器容量；

(3) 会制动单元与制动电阻的选择；

(4) 会PLC选型及I/O地址分配；

(5) 会PLC与变频器连机控制的接线；

(6) 会变频器参数的设定。

任务5.1 变频器在恒转矩负载调速中的应用

【任务要点】

(1) 恒转矩负载变频器容量的选择。

(2) 恒转矩负载变频器制动单元与制动电阻的选择。

(3) 变频器在热轧厂辊道控制系统中的应用。

5.1.1 任务描述与分析

5.1.1.1 任务描述

在自动化大生产中，将要求加工、处理或搬运的工件按照工艺要求沿一定的路径连续输送时，大量地采用辊道传送方式。当然，被传送的工件必须有一定的条件限制，比如，在被传送的方向上。其几何形状、几何尺寸的长度上要符合辊道传送的要求，整体刚度也应适合辊道传送等。但这些要求恰恰形成了辊道传送的特点，加上这种传动组合方便，对物件与环境温度、湿度适应范围极宽，因此，在许多加工行业中，尤其是冶金行业内，得到了广泛的应用。

某钢铁企业1450mm热轧板厂是我国西部第一家热轧带钢厂，其使用的轧机是20世纪 70 年代我国自行设计、制造的半连轧机，产品规格范围为（210～1210）mm×（650～1300）mm，品种为普碳钢、低合金钢等，钢卷最大质量为 9t。其控制系统主要依靠国内的力量实现了现代化。新型两级自动化系统控制范围从加热炉入炉辊道开始直至成品钢卷称重为止，实现了完整的两级自动化系统，并包括了部分管理功能。图 5-1 为热轧板厂车间一角。

图 5-1　热轧板厂车间一角

　　热轧板生产工艺：从炼钢厂送过来的连铸坯，首先是进入加热炉，然后经过初轧机反复轧制之后，进入精轧机。轧钢属于金属压力加工，说简单点，轧钢板就像压面条，经过擀面杖的多次挤压与推进，面就越擀越薄。在热轧生产线上，轧坯加热变软，被辊道送入轧机，最后轧成用户要求的尺寸。轧钢是连续的不间断的作业，钢带在辊道上运行速度快，设备自动化程度高，效率也高。从平炉出来的钢锭也可以成为钢板，但首先要经过加热和初轧开坯才能送到热轧线上进行轧制，工序改用连铸坯就简单多了，一般连铸坯的厚度为 150～250mm，先经过除鳞到初轧，经辊道进入精轧机，精轧机由 6 架 4 辊式轧机组成，机前装有测速辊和飞剪，切除板面头部。精轧机的速度可以达到 23m/s。热轧成品分为钢卷和锭式板两种，经过热轧后的钢板厚度一般在几个毫米，如果用户要求钢板更薄的话，还要经过冷轧。

　　图 5-2 为某钢铁企业热轧板厂生产工艺示意图。热轧生产线，包括两台加热炉，两台带立辊的粗轧机 R1、R2，热卷箱，除鳞机，6 架 4 辊精轧机 F1～F6，后面为 12 机组的冷床，卷取机等主轧线、精整、剪切等加工线。其中热轧生产线包括 120 组输送辊道。

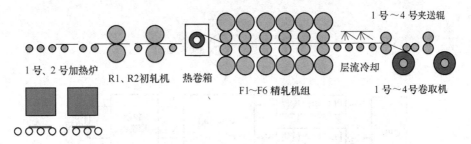

图 5-2 热轧板厂生产工艺示意图

输送辊道在整个轧制线上起着重要的作用，担负着输送板坯和薄板的任务。在不同的轧制区域，工艺对辊道的调速性能的要求是不同的。如在可逆粗轧区，辊道需快速频繁可逆运行多在精轧卷取区，辊道需能正反转运行，并有快速制动停车能力。

辊道由交流鼠笼电机拖动，交流电机由交流变频调速装置提供电源。热轧生产线上的粗轧机、精轧机，在轧制不同规格的中板或薄板时，轧制速度不同，相应的辊道传送速度也跟随变化，一般要求调速比为 1:20。辊道属多机拖动，频繁启、制动工况，恒力矩负载，并有不规则的负载冲击。辊道运行速度曲线如图 5-3 所示。不在可逆粗轧区或有的高速精轧区，制动占空比 D（见式 5-1）可高达 5%～10%，从而对调速装置提出了较高的制动要求：

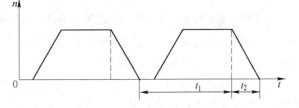

图 5-3 辊道运行速度曲线

$$D = \frac{t_2}{t_1 + t_2} \times 100\% \qquad (5-1)$$

为满足控制要求，调速装置变频器作为辊道的传动控制。系统的控制框图如图 5-4 所示。

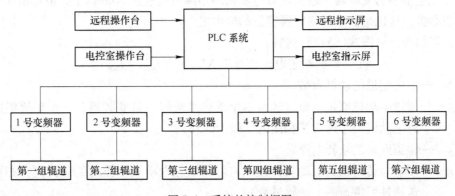

图 5-4 系统的控制框图

变频器的控制、状态指示、故障均由 PLC 处理，一组辊道的控制结构图如图 5-5 所示。

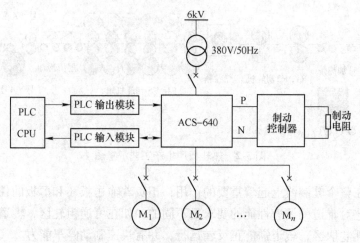

图 5-5　一组辊道的控制结构图

5.1.1.2　任务分析

系统负载为恒转矩负载，辊道传送的控制主要是控制辊道电动机的启停、转向和转速。辊道变频器的选用方法与变频器的通用选用方法没有原则上的区别。总体原则是：先保证工作可靠，再尽可能节省资金。

（1）变频器容量的选择。在交流辊道电动机变频器容量的选择上，首先，要特别注意的是同等功率的辊道电动机比普通笼型异步电动机的额定电流大很多。如 YGA132M-12 型辊道电动机功率为 0.8kW，电压为三相 380V，额定电流为 3.5A，堵转电流为 11A；JG25-12 型辊道电动机功率为 1.7kW，额定电流为 7.6A，堵转电流为 21A。两者额定电流均为同容量笼型异步电动机电流的 2 倍以上。其次，辊道电动机部分被堵转或接近被堵转的情况在所难免。和普通笼型异步电动机不同，辊道电动机短时间堵转并不会造成损坏。辊道电动机的堵转电流仅为额定电流的 3 倍左右，这样适应了辊道传送的这一要求，但堵转增加了变频器的电流负担，没有足够的容量富裕，变频器将难以工作。第三，大型生产线上，处在配电室中的变频器一般离负载电动机的距离可能超过 50m 以上，电动机所处环境一般比较恶劣，这也是要增加变频器容量的原因之一。

变频器的容量可按式（5-2）选择：
$$变频器的额定电流值 \geqslant K[NI_{MN} + n(I_{MDN} - I_{MN})] \tag{5-2}$$

式中　N——组内辊道电动机台数；

$\quad I_{MN}$——辊道电动机额定电流（通常一个辊道组选用一台变频器，一个辊道组内的辊道电动机型号通常是相同的，极少例外）；

$\quad I_{MDN}$——辊道电动机堵转电流；

$\quad n$——可能堵转的辊道电动机台数（它可以取总电动机台数的某一比例，亦可取传送物件可覆盖的主动辊道数）；

$\quad K$——系数，一般取 1.1 或大于 1.1，不言而喻，它与所选取的变频器的质量有关。

（2）制动单元与制动电阻的选择。可以大体确定，要求频繁正反转控制的辊道，其变频器一般应加制动单元和制动电阻，在有些场合，一般还需加直流制动，以适应控制的快速变换。位置控制的场合，一般也增加制动功能，以克服惯性的不确定性对控制精度的影响。对用减速器经链条传送的辊道、精度要求不高的一般传送，尤其是单方向的一般传送，可不用制动单元。

根据系统控制要求、生产规模及生产工艺要求，该系统调速装置采用 ABB 公司的 ACS-640 系列变频器作为辊道的传动控制。辊道分 6 组控制，每组 20 台电机，调频范围为 4～80Hz，可快速启动、制动，系统状态信息指示、故障报警等均程序化处理。轨道电机参数：2.1kW、380V、10A，采用的制动单元型号：ABB NBRA-282.3kW/DC510V，制动电阻为西门子 6SE70 170kW/2.35Ω。

5.1.2　相关知识

任何转速下负载转矩 T_L 总保持恒定或基本恒定，而与转速无关的负载称为恒转矩负载。这类负载多数呈反抗性的，即负载转矩 T_L 的极性随转速方向的改变而改变。

恒转矩负载的特点是负载转矩与转速无关，任何转速下转矩总保持恒定或基本恒定。应用的场合比如传送带、搅拌机、挤压机等摩擦类负载以及吊车、提升机等位能负载。

5.1.2.1　恒转矩负载功率与转矩的关系

恒转矩负载的功率 $P_L = T_L n_L / 9550$，由于负载转矩 T_L 总保持恒定，所以 $P_L \propto n_L$。

5.1.2.2　恒转矩负载对变频器的要求

变频器拖动恒转矩负载时，低速下的转矩要足够大，而且要求过载能力要强。由于低速下稳速运行时电动机的发热比较大，所以还应考虑异步电动机的散热设备，防止电动机过热。

5.1.3　知识拓展

5.1.3.1　变频器选型原则

首先要根据机械对转速（最高、最低）和转矩（启动、连续及过载）的要求，确定机械要求的最大输入功率（即电机的额定功率最小值），经验公式见式（5-3）：

$$P = nT/9950 \tag{5-3}$$

式中　P——机械要求的输入功率，kW；

　　　n——机械转速，r/min；

　　　T——机械的最大转矩，N·m。

然后，选择电机的极数和额定功率。电机的极数决定了同步转速，要求电机的同步转速尽可能地覆盖整个调速范围，使连续负载容量高一些。为了充分利用设备潜能，避免浪费，可允许电机短时超出同步转速，但必须小于电机允许的最大转速。转矩取设备在启动、连续运行、过载或最高转速等状态下的最大转矩。最后，根据变频器输出功率和额定电流稍大于电机的功率和额定电流的原则来确定变频器的参数与型号。

需要注意的是，变频器的额定容量及参数是针对一定的海拔高度和环境温度而标出的，一般指海拔 1000m 以下，温度在 40℃ 或 25℃ 以下。若使用环境超出该规定，则在确定变频器参数、型号时要考虑到环境造成的降容因素。

5.1.3.2　变频器的外部配置及应注意的问题

具体如下：

（1）选择合适的外部熔断器，以避免内部短路对整流器件造成损坏。变频器的型号确定后，若变频器内部整流电路前没有保护硅器件的快速熔断器，变频器与电源之间应配置符合要求的熔断器和隔离开关，不能用空气断路器代替熔断器和隔离开关。

（2）选择变频器的引入和引出电缆。根据变频器的功率选择导线截面合适的三芯或四芯屏蔽动力电缆。尤其是从变频器到电机之间的动力电缆一定要选用屏蔽结构的电缆，且要尽可能短，这样可降低电磁辐射和容性漏电流。当电缆长度超过变频器所允许的输出电缆长度时，电缆的杂散电容将影响变频器的正常工作，为此要配置输出电抗器。对于控制电缆，尤其是 I/O 信号电缆也要用屏蔽结构。变频器的外围元件与变频器之间的连接电缆的长度不得超过 10m。

（3）在输入侧装交流电抗器或 EMC 滤波器。根据变频器安装场所的其他设备对电网品质的要求，若变频器工作时已影响到这些设备的正常运行，可在变频器输入侧装交流电抗器或 EMC 滤波器，抑制由功率器件通断引起的电磁干扰。若与变频器连接的电网的变压器中性点不接地，则不能选用 EMC 滤波器。当变频器用 500V 以上电压驱动电机时，需在输出侧配置 du/dt 滤波器，以抑制逆变输出电压尖峰和电压的变化，有利于保护电机，同时也降低了容性漏电流和电机电缆的高频辐射，以及电机的高频损耗和轴承电流。使用 du/dt 滤波器时要注意滤波器上的电压降将引起电机转矩的稍微降低；变频器与滤波器之间电缆长度不得超过 3m。

任务 5.2　变频器在重力负载调速中的应用

【任务要点】

（1）桥式起重机重力负载中变频器参数设置。

（2）变频器 + PLC 控制技术的应用。

（3）可控硅反并联代替交流接触器。

（4）变频器在桥式起重机大小车中的应用。

5.2.1　任务描述与分析

5.2.1.1　任务描述

随着电子技术的飞速发展，变频器 + PLC 控制技术日趋成熟，变频技术普遍应用于电力拖动领域，特别是对一些耗能较大的重力负载电气设备，实行变频调速，取得明显的节能效果。而桥式起重机采用无速度传感器矢量控制的变频技术在传动系统中的应用，取代传统的电机转子回路串阻调速控制方法。作为物料搬运重要设备的桥式起重机在现代化生产过程中应用越来越广，作用越来越大，对桥式起重机的要求也越来越高，是各类企业的工厂中不可缺少的起重设备之一。

炼铁厂精矿槽 20t 桥式起重机主要用来搬运原料，是将精矿槽内的各种原料，根据烧结系统对原料不同配比的需求，分别将各种矿物质倒运到配料系统的主要设备，因此，桥式起重机在烧结上料系统起着关键作用。随着近几年炼铁厂生产规模不断提高，桥式起重机使用率大幅度提高，运用变频器实现桥式起重机电气自动控制很有必要。

5.2.1.2 任务分析

炼铁厂桥式起重机由大小车、抓斗、卷扬组成，是大连重型起重机厂生产的 DLW型。抓斗、卷扬及大小车行走电机是 YZR 型绕线式异步电动机，转子二次侧串电阻调速，由于反复短时运行，制动频繁，现场灰尘大，环境差，电机碳刷磨损快、滑环间容易短路放炮。并且电动机正反转的加速控制均采用交流接触器和时间继电器，交流接触器线圈经常烧坏，吊车司机使用凸轮控制器进行操作时，由于长时间运行，控制器磨损大，操作极不方便，维护量大，电机寿命短，控制线路复杂，严重影响企业正常生产。因此，要从根本上解决炼铁厂桥式起重机故障率高的问题，只有彻底改变绕线转子异步电动机二次侧串电阻调速方式。为了节约成本，结合该厂实际情况，桥式起重机大小车采用变频器控制，操作控制系统设计采用 PLC 进行控制，操作简单，运行可靠，故障减少。目前，很多厂家生产的高性能矢量控制变频器，具有可靠性好、多功能、低噪声等优点。变频器具有无速度传感器矢量控制技术，通过对电机磁通电流和转矩电流的解耦控制，实现了转矩的快速响应和准确控制，能以很高的控制精度进行宽范围的调速运行。

5.2.1.3 系统配置

根据炼铁厂生产要求，结合实际，将桥式起重机大小车行走，抓斗、卷扬提升和开闭操作回路改为 PLC 控制，桥式起重机大车走行电机变频器选用富士变频器 FRN45G11S-4，小车走行电机变频器选用富士 FRN18.5G11S-4，为了节约成本，大车、小车用原绕线型异步电动机，二次侧保留一段常用电阻，使得电机在速度变化起始阶段变化较缓。抓斗、卷扬选用提升和开闭电动机的二次回路，采用二组可控硅反并联代替交流接触器 CJ12-150切换电阻，消除电阻切换时产生弧光而烧坏接触器触点的现象。提升和开闭电动机型号为YZR400L1-10，功率为 130kW，二次绕组电流为 244A，电压为 395V。由于可控硅的过载能力小，选择时可根据实际工作电压比可控硅的额定电压值应大 2 倍，实际额定电流大1.5 ~ 2 倍电流裕量进行选择，所以选用电流 500A、耐压 1000V（VT 500A 1000V）可控硅。

PLC 采用西门子公司生产的电源模块为 PS307，10A；CPU 为 CPU314；根据 I/O 地址分配表输入点共有 30 点，所以选输入模块为 SM321（DI8 × 120V/230V）共计 4 块；输出点为 20 点，故选择输出模块为 SM322（DO 16 × DC24V/0.5A）共计 2 块，输入/输出模块留有余量。

由于抓斗、卷扬电动机的二次回路，采用二组可控硅反并联实现无触点控制，控制原理如图 5-6 所示。在 A、B 两端加上正弦交流电压，当 A 极为正、B 极为负时，VT1 处于反压状态，阴极和门极存在反向漏电流足以触发VT2，使 VT2 导通；当 B 极为正、A 极为负时，VT2 处于反压状态，阴极和门极存在反向漏电流足以触发VT1，使 VT1 导通。即只要 AB 间存在电压，VT1 和VT2 相互触发，总有一个可控硅导通，由 PLC 控制KA 继电器，便构成了一个无触点开关，实现二次电阻的逐切换。大小车电机采用变频器控制，有效减缓加、减速时的冲击，大小车运行平稳，还具有故障诊断及状态显示功能。

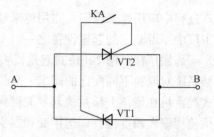

图 5-6　可控硅无触点开关原理

A　设备型号选择

通用的 VVVF 型变频调速器运行效率高，可拖动笼型异步电动机运行，机械特性硬，是交流电动机最理想的调速设备。富士 FRNIC5000G7 型变频器是一种电压型变频器，可外接制动单元和制动电阻，再生制动的能量通过制动电阻消耗掉。桥式起重机使用这种变频器调速，接线简单，可靠性高。为了防止因停电、变频器跳闸或制动单元失灵而使拖动负载快速下降，出现危险，原有的机械制动装置仍予以保留。PLC、变频器型号见表 5-1。

表 5-1　PLC、变频器型号表

类　型	型　号	类　别	数　量
电源模块	PS307	10A	1
CPU 模块	CPU314		1
交流输入模块	SM321	DI 8 × 120V/230V	4
直流输出模块	SM322	DO 16 × DC24V/0.5A	2
大底板	DIN 导轨 530mm		1
接线排	前连接器		6
富士变频器（根据电机容量）	大车：FRN45G11S-4	45kW	1
	小车：FRN18.5G11S-4	18.5kW	1
变频器制动单元	大车：DB45-4C	FRN45G11S-4 配套	1
	小车：BUⅢ220-4	FRN18.5G11S-4 配套	1
变频器制动电阻	小车：DBⅢ220-4	FRN18.5G11S-4 配套	1
	大车：DB45-4C 电阻	FRN45G11S-4 配套	1

B　变频器参数设置

变频器调试投用时，参数的设置直接关系到变频器与设备运行工况是否配合恰当的重要环节。比如 F03 输出额定频率的设定，F07 加速时间的设定，F08 减速时间的设定，A0 转矩控制方式的设定等。特别是电机参数的测定，均需通过桥式起重机在使用过程中结合设备运行情况不断摸索修正。否则，由于某参数设置不合理，也可能使变频器工作不正常或造成电机过热等未能预想的异常情况发生而损坏电气设备。变频器部分参数的设置见表5-2。

表 5-2　变频器参数设置

代码	名　称	大　车	小　车
F01	频率设定 1/Hz	1	1
F02	运行操作	0	0
F03	最高频率输出 1/Hz	50	50
F04	基本频率 1/Hz	50	50
F05	额定电压 1/V	380	380
F06	最高输出电压 1/V	380	380
F07	加速时间/s	0.5	0.5
F08	减速时间/s	0.5	0.5
F10	电子热继电器（选择）	1	1
F11	电子热继电器（动作值）/A	45.2	33.7
F12	电子热继电器（热时间常数）	5.0	5.0
F14	瞬时停电再启动/s	3	3
F15	频率限制（上限）/Hz	50	50
F16	频率限制（下限）/Hz	1	1
F20	直流制动/Hz	20	20
F21	开始频率制动值/%	20	20
F22	制动时间/s	0.5	0.5
F23	启动频率/Hz	20	20
F24	频率保持时间/s	0.3	0.3
P01	电动机参数（极数）	8	6
P02	电动机（容量）/kW	15	11
P03	电机（额定电流）/A	33.5	25

C　PLC、变频器外部接线图

I/O 接线图见图 5-7。

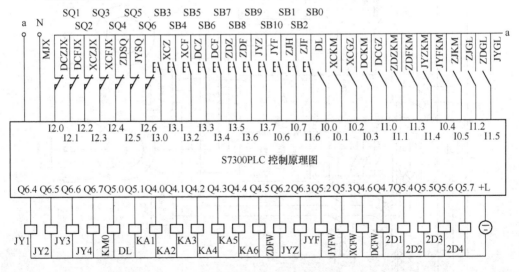

图 5-7　I/O 接线图

D　变频器接线图

变频器接线图见图 5-8。

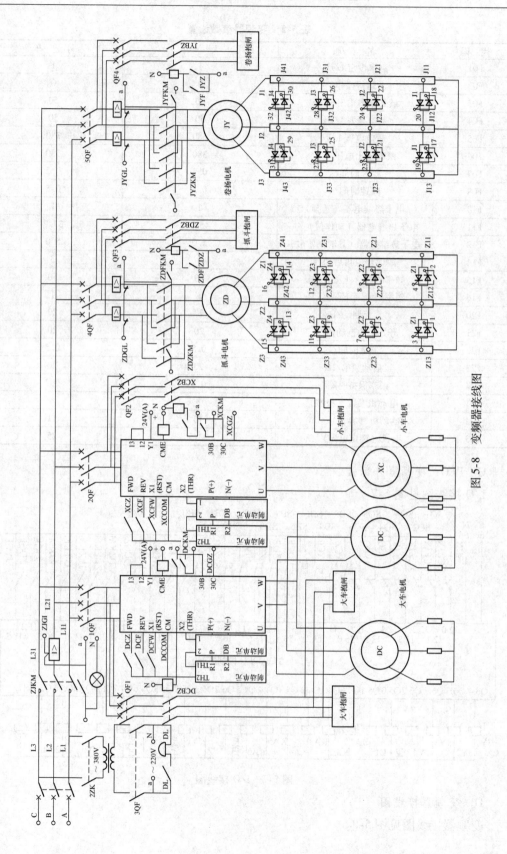

图 5-8　变频器接线图

5.2.2　相关知识

5.2.2.1　工作原理

经过反复调研和技术咨询，桥式起重机大、小车行走电动机采用日本富士变频器拖动，根据测定现场运行电动机的实际速度，变频器参数设为 5s 内完成 0～50Hz 的变速过程，但大小车正反变相时，变频器出现 OU2 故障跳闸现象。经分析，原因是电机在正、反转变相时，变频器输出也发生变化，即使在变频器输出为零时，电机因有惯性也在旋转，这样旋转的电机就会产生感应电压，将能量回馈到了变频器上，使变频器直流侧电压短时间内变化太快，出现"过电压"，造成变频器出现 OU2 故障而跳闸。为了解决这一问题，在变频器直流侧加装一个能耗制动单元，保证变频器的正常工作。

在运行过程中，桥式起重机大车换相时出现晃动较大，经分析主要是由大车电机正、反转换相时，电机的速度变化曲线如图 5-9 中粗线，在 t 时内速度变化较快引起的。在电机二次侧加装一段电阻，使得电机在速度变化起始阶段变化较缓，曲线如图 5-9 中细线，使吊车的振动大幅度降低。为了保证电机运行的平稳性，合理地选择加减速方式。在电机刚启动时以较低速度运行一段时间，其间加速度也较小，然后再以加速时间相对应的加速度将电机速度提高，接近设定速度时再以较小加速度运行至设定值。减速过程与加速过程类似。这种方式可有效地减小电机启/停时的冲击电流，保证变频器的正常工作，通过改进后的电机启动特性，满足工艺要求。

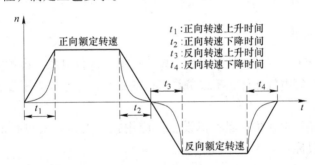

图 5-9　大小车运行速度曲线

桥式起重机设定提升和开闭电机的启动及加、减速时间，均设为 0.2s，电机从启动到稳定运行的过渡过程在 0.8s 内完成（实际应用时，时间可以根据需要调整）。电机的启动和加、减速时间与生产操作工手动操作过程相近，检测电机的启动和加减速过程的电流值正常。联动台控制器分为四挡，上下各为 10%、30%、60%、100% 的额定速度。由 PLC 输出给继电器 KA 触点控制可控硅的导通，实现无触点切换二次电阻，动作速度快，而且无弧光、无噪声。对桥式起重机电机制动器也进行了改进，制动器电机不与主电机的一次侧并联，而改为由 PLC 单独控制，增强了系统保护功能。

5.2.2.2　控制要求

控制要求具体如下：

（1）合上主电源自动开关，关好轿箱门（门极限闭合），各种极限正常，进出口的门关闭的状态下，才允许操作。

（2）合上电源开关后，可按下"主电源合闸"，接通主电源，投入运行状态，电源指示灯亮。

（3）桥式起重机大小车运行，抓斗开闭，卷扬上升、下降控制回路，变频器的启/停皆由 PLC 控制。

（4）如果 PLC 出现故障，设备会自停且该方向的运行操作被禁止。由 PLC 输出指令 0.5s 内自动复位，也可在操作台上手动复位。紧急情况，吊车司机也可按"急停"按钮，切断主电源。

（5）运行中设备触到任意方向的极限，设备自动停止。变频器中任意一台变频器报故障时，均立即停止工作，桥式起重机处于安全停止状态，同时电磁抱闸合闸，在任何时刻断电，系统将立即停车，抱电磁闸合闸。

（6）吊车运行过程中，应平稳操作设备，注意观察设备运行状况。如发现有异响或动作不正常应及时停车检查，并与有关部门联系。

（7）控制大、小车运行的变频器故障一般在 0.5s 内可自动复位，也可采用"主回路合闸"按钮手动复位。如故障连续出现且手动、自动复位无效，应观察变频器上显示的故障代码。

（8）原凸轮控制器操作可改为按钮控制，卷扬提升极限（改为光电开关）、门极限、大小车极限点，过流继电器上点等保护装置，作为 PLC 的数字量开入信号，增强了系统保护功能。

5.2.3　任务实施与心得

控制系统运用 PLC、变频器技术以后，操作简单，运行可靠，维护方便，减少了交流接触器和时间继电器等电气元件，不仅节约了检修费用，并且提高了设备安全性、稳定性与可靠性。

实践证明：变频技术在桥式起重机设备的应用技术上是切实可行的，效果也较为显著，基本达到预期目标。

5.2.4　知识拓展

5.2.4.1　变频器主要技术参数

桥式起重机上应用变频器，要根据其特定的工况要求以及特殊的负载特性，确定变频调速装置的型号、功率、保护等技术参数的合理配置，结合生产现场设备具体情况慎重考虑选择。

　A　变频器的选择

桥式起重机使用变频器，必须满足功率、转矩、散热等条件，变频器要保持电压/频率（U/f）基本恒定条件下，改变频率来实现调速。

考虑到桥式起重机负载可变性大的因素，选用比电机功率大一级的变频器。例如：桥式起重机上小车电机 7.5kW 的鼠笼式异步电动机，应选用 11kW 的变频器，型号为 FRN18.5G11S-4，使变频器功率能承受频繁启动电流的冲击，使设备的可靠性增大。

B　拖动转矩

变频器具有无速度传感器矢量控制技术，当变频器有 0.5Hz 输出时即有 150% 以上的高启动转矩，保证悬空启动及低速运转时的电机力矩，并可在 10∶1 的速度范围内（6 ~ 60Hz/5 ~ 50Hz）以 100% 转矩连续运行。速度调速偏差小于 ±1%。并利用一个高速微处理器和装备 DSP 来提高响应速度，在提升设备中对防止"滑落"很有效果，转矩响应时间约 0.1s 便可达到 100% 的转矩。

C　制动电阻的计算

空载试验时，桥式起重机大车行走电机变频器选用富士 FRN45G11S-4，小车行走电机变频器选用富士 FRN18.5G11S-4。根据电机的实际速度，变频器参数设为 5s 内完成 0 ~ 50Hz 的变速过程，大、小车正反变相时，变频器出现减速过电压故障跳闸现象。电机因有惯性也在旋转，这样旋转的电机就会产生感应电压，将能量回馈到了变频器上，使变频器直流侧电压短时间内变化太快，出现"过电压"，造成变频器出现 OU2 故障而跳闸。为了解决这一问题，在变频器直流侧加装一个能耗制动单元，保证变频器的正常工作。进行制动时放电电阻与电机内部的有功损耗部分结合成制动转矩，大约为电机额定转矩的 20%。制动电阻的计算如下：

$$R_{BO} = \frac{U_C}{0.1047\ (T_b - 0.2T_m)} \times n_1$$

式中，U_C 为直流回路电压；T_b 为制动转矩；T_m 为电动机额定转矩；n_1 为开始减速时的速度。

由制动单元和制动电阻构成的放电回路中，其最大电流受制动单元的最大允许电流 I_C 的限制。制动电阻的最小允许值 R_{min} 为：$R_{min} = U_C/I_C$。因此，制动电阻应满足以下选择范围：$R_{min} < R_B < R_{BO}$。

制动电阻所需功率 P_{BO}（kW）计算如下：

$$P_{BO} = 0.1047(T_B - 0.2T_m)(n_1 + n_2) \times 10 - 3/2$$

大车制动单元为 DB45-4C，放电电阻为 6kW，10Ω；小车制动单元为 BU Ⅲ 220-4，放电电阻为 1.8kW，34.4Ω，通过对改进后的电机启动特性、启动电流、工作电流进行测量，满足工艺要求。

5.2.4.2　变频器运行环境

由于变频器应用在桥式起重机上，其工作环境差，粉尘多，振动大，雨天空气潮湿等。因此，运行中应注意变频器的紧固与防潮以确保变频器的安全运行。

任务 5.3　变频器在风机、泵类负载调速中的应用

【任务要点】

（1）风机、泵类负载的特点。

（2）风机、泵类负载变频器容量的选择。

（3）变频器在炼钢厂 LF 炉除尘风机上的应用。

5.3.1　任务描述与分析

5.3.1.1　任务描述

对于冶金企业，电机系统是主要的设备，节能潜力大，国家"十一五"规划十大重点节能工程将电机系统节能工程列为其中。我国风机、水泵和压缩机总装机容量约在1.6亿千瓦以上，占全国电力消耗的1/3。若更新电机、风机、水泵系统，采用变频调速方式，改善风机、泵类电机系统机械节流调节方式是最为理想的节能手段，尤其在某些特定工艺下，中、高电压和大功率的电机采用高压变频器节能效果尤为明显。

5.3.1.2　任务分析

某炼钢厂LF炉的作用和组成：炼钢厂全连铸工程是为提高连铸比、提高质量、降低能耗、适应国际国内市场要求而投资新建的。它包括大方坯连铸机、2号板坯连铸机、LF炉和RH真空处理。LF炉的作用是为方坯连铸机和RH处理设备提供温度和成分均合格的钢水，它由盛钢桶、炉盖、电极和电极加热系统组成。

LF炉除尘工艺：LF精炼炉及其加料设施、RH真空处理装置合设一个除尘系统。加料设施主要包括：铁合金料仓、振动给料机、称量装置、胶带输送机等。系统采用负压式，含尘气体通过管道进入脉冲布袋除尘器，净化后的气体通过风机和消声器，由排气烟囱排入大气。图5-10为某企业炼钢厂LF炉的生产现场示意图。

图5-10　某企业炼钢厂LF炉的生产现场

LF炉除尘系统用于对LF炉及RH精炼过程产生的热烟气进行治理。LF炉生产周期为40min，而LF炉用于生产冶炼的时间约为8～12min。LF炉除尘风机全年采用工频长转运行，而实际风机运行时间约需20%～30%。风机长期处于无效工作状态，能源浪费较大。

5.3.2　相关知识

从节能降耗长远大计出发，在该系统采用高压交流调速系统对高压电机按LF炉精炼工况变化情况进行调速控制是非常有必要的。除尘风机采用变频调速，即 LF 炉处于加热期时（钢水处理位），风机高速运转，LF 炉处于非加热期时，风机低速运转，相应的 LF 炉干管上的调节阀关闭。该除尘系统采用 G4-68NO.14D 型风机转子，配用 YKK450S4-4 型、10kV、250kW 高压电机。

5.3.2.1 除尘风机及电机的选择

除尘风机及配套电机的参数见表 5-3。

表 5-3 除尘风机及配套电机的参数

风 机 参 数		电 机 参 数	
型 号	SWC5-48NO.22.5D	型 号	YKK450S4-4
风 量	250000m³/h	额定功率	250kW
风 压	5500Pa	额定电压	10kV
除尘方式	低压脉冲袋式除尘	额定转速	1450r/min

5.3.2.2 变频调速原理

根据异步电动机转速公式：$n = (1-s)60f/p$，可以看出，电机转速 n 与电源频率 f 成正比，只要改变 f，即可改变 n。当 f 在 $0 \sim 50\text{Hz}$ 变化时，电机调速范围很宽。另外，风机、泵类设备均属于平方转矩负载，其转速 n 与流量 Q、压力 H 以及轴功率 P 具有如下关系：$Q \propto n$，$H \propto n^2$，$P \propto n^3$。因此随着电机转速的降低，电机消耗的电能大幅度下降。可见，理论上使用高压变频器对 LF 炉除尘风机调速的节能效果将非常显著。

5.3.2.3 LF 除尘风机变频调速系统控制方案

根据以上工艺要求，又因为除尘风机所配的是高压电机，不允许频繁启动，且风机长期按额定转速运行，风机转子及除尘系统配件容易老化损坏，既增加操作维护人员的工作量，又增加备件材料的消耗，同时难以保证该除尘系统长期稳定高效运行，影响 LF 炉的正常生产。这样，既要满足工艺要求，又要达到调速节能目的，采用变频器对电机进行拖动控制最为理想。

A 高压变频器的选择

根据炼钢厂特殊环境的要求、除尘风机的工作情况和国家提出节能减排的要求，经过研究决定，采用 DHVECTOL-DI 系列变频器。它是一种高效、节能、无电网污染的高压大功率变频设备，将工频电源变换为频率、电压均连续可调的电源，实现电动机调速运行；另配以适当的控制，可使电动机运行在最佳状态。因此，DHVECTOL-DI 系列变频器适用于大型风机、泵类负载，使用后可大大降低能耗，改善生产工艺，实现系统的自动化运行，并可大大提高系统的稳定性和可靠性，延长设备的使用寿命，减少系统维护。

B DHVECTOL-DI 系列高压变频器基本结构原理

DHVECTOL-DI 系列高压变频器采用直接"高—高"的变换形式，由多个功率单元构成多重化串联的拓扑结构，每个单元输出固定的低压电平，再由多个单元串联叠加为所需的高压；输入功率因数高，不必采用输入谐波滤波器和功率因数补偿装置；输出波形接近正弦波，不存在输出谐波引起的电动机发热和转矩脉动、噪声、输出 dv/dt、共模电压等问题，对普通异步电动机不必加输出滤波器就可以直接使用。变频器每个系统共有 18 个功率单元，每 6 个功率单元串联构成一相，其结构原理图如图 5-11 所示。

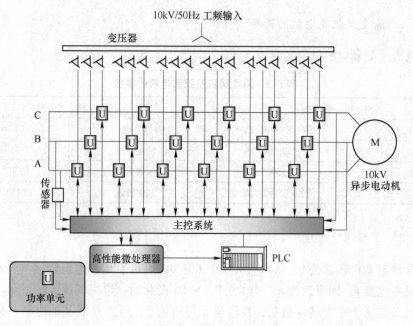

图 5-11　10kV 变频器结构原理图

C　控 制 方 案

高压变频器直接与电机连接，设有工频旁路。由变频运行方式转换到工频运行方式时，采用单刀双掷隔离刀闸 QS2 手动切换，电机不通过高压变频器而经过旁路直接启动，如图 5-12 所示。

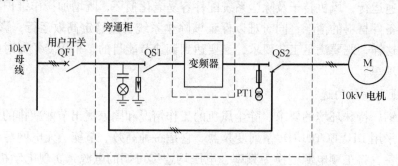

图 5-12　高压变频一拖一方案

风机调速设置高低速两挡运行，实现手动/自动调速切换功能。操作台设置"手动/自动"调速切换开关和"速度种类"转换开关，平时可根据生产情况，高压变频器自动实现高、低速运行，如因生产需要可改为手动来实现调速运行的目的。

高压变频器具有远程和本机控制功能。本机控制时通过高压变频器控制柜上触摸屏可就地人工启动、停止高压变频器，可以调整电机转速、频率。远程控制放在炉前控制室，设有操作台和上位机，由配电工操作控制。通过上位机配电工可以随时了解设备的运行情况，通过操作台可实现对高压变频器进行简单的远方操作。配电工可以根据工况自由选定"手动/自动"调速运行。主控系统主要功能如表 5-4 所示。

表 5-4　LF 炉除尘主控系统主要功能

功能号	功 能 意 义	默认值	工程值	备注
005	变频器额定输入电压（线电压有效值）/V	10000	6000	
006	输入线电压量程（有效值）/V	1300	1300	
007	输出线电压量程（有效值）/V	1300	1300	
012	控制方式：0—就地控制；1—远程控制	0	0	
013	电机转向：0—正向；1—反向	0	0	
016	就地控制方式频率给定模式：0—人机界面给定频率；1—模入 AI 频率给定；2—保留；3—端子 DI 给定频率	0	1	现场调试参数
017	远程控制方式下的频率给定模式：1—模入 AI 频率给定；2—PID 频率给定；3—端子 DI 给定频率	1		现场调试参数
273	人机界面给定频率	5000	5000	

5.3.2.4　运行效果及节能分析

A　运行效果

炼钢厂 LF 炉除尘风机高压变频器控制以来，总体运行状况良好，在改造后曾出现过几次主回路过电流跳闸的故障，经多次观察发现跳闸时的电流，并没有高于电子热继电器的设定值，测量变频器的主回路输出端子与直流侧的端子之间的正反向电阻，也未发现异常，最终发现是外部灰尘进入变频器内部使得在风机减速时功率变频器对地短路跳闸，通过治理变频器的使用环境杜绝了类似事故的发生，既能满足生产工艺要求，又达到了预期的节能目的。

B　节电效果

2008 年 9 月没改造 LF 炉除尘风机系统以前，系统原设计 24h 不间断运行，电能消耗较大。该除尘系统配用的 250kW 高压电机，年扣除停机时间及系统检修时间 15d，平均每年将消耗电能 $250 \times 350d \times 24h = 210$ 万千瓦·时。LF 炉生产周期 40min，而 LF 炉用于生产冶炼的时间约为 8~12min，平均按 10 分计算，也就是说有 75% 的时间除尘风机在无效运行，每年浪费电能 $210 \times 75\% = 157.5$ 万千瓦·时，若按工业用电每度 0.6 元计算，每年将浪费 94.5 万元。

改造 LF 炉除尘风机系统之后，减少除尘风机无效工作时间，节约电能，即改变频调速后，系统 75% 的时间除尘风机处于低频运行，则每年可节约电能 $210 \times 75\% \times 50\%$（低频运行）$= 78.75$ 万千瓦·时，若按工业用电每度 0.6 元计算，每年可节约费用 47.25 万元。

C　其他性能

风机系统经改造后振动危害可大幅度降低，其故障率可明显下降，风机每年可节约维修费及材料备件费用 5.5 万元。

高压变频器为电压源型变频器，功率因数可高达 0.95 以上，可降低电网侧的谐波污染。

系统经改造后故障率减少，保证 LF 炉生产正常运行，提高攀钢的市场竞争力。

5.3.3　知识拓展

5.3.3.1　实践中单台变频器额定值计算

单台变频器为单台电动机供电连续运行情况下，所需变频器额定值的计算式：

$$P_{CN} \geqslant kP_M / \eta \cos\varphi \tag{5-4}$$

$$I_{CN} \geqslant kI_N \tag{5-5}$$

式中　P_M——负载所要求的电动机的轴输出功率，kW。风机、泵类负载的特点是连续运行，除启动外，无瞬时过载问题，所以 P_M 的取值基本上等于电动机的额定功率（或略大于额定功率，不超过 1.1 倍）；

η——电动机的效率，通常取 0.85；

$\cos\varphi$——电动机的功率因数，通常取 0.75；

I_N——电动机额定电流，A，工频电源时的电流；

k——电流波形的修正系数（PWM 方式时取 1.05 ~ 1）；

P_{CN}——变频器的额定容量，kV·A；

I_{CN}——变频器的额定电流，A。

5.3.3.2　实践中单台变频器传动多台电机时额定值计算

单台变频器传动多台电动机并联运行，即成组传动时，所需变频器额定值的计算。

当变频器的短时过载能力为 150%，允许过载时间为 1min 时，如果电动机加速时间在 1min 以内，有：

$$1.5P_{CN} \geqslant kP_M[n_T + n_S(K_S - 1)] / \eta\cos\varphi = P_{CN1}[1 + n_S(K_S - 1)/n_T]$$

即：
$$P_{CN} \geqslant 2kP_M[n_T + n_S(K_S - 1)] / 3\eta\cos\varphi = 2P_{CN1}[1 + n_S(K_S - 1)/n_T]/3 \tag{5-6}$$

$$I_{CN} \geqslant 2n_T I_N[1 + n_S(K_S - 1)/n_T]/3 \tag{5-7}$$

当电动机加速时间在 1min 以上时，有：

$$P_{CN} \geqslant kP_M[n_T + n_S(K_S - 1)] / \eta\cos\varphi = P_{CN1}[1 + n_S(K_S - 1)/n_T] \tag{5-8}$$

$$I_{CN} \geqslant n_T I_N[1 + n_S(K_S - 1)/n_T] \tag{5-9}$$

式中　P_M——负载所要求的电动机的轴输出功率，kW。P_M 的取值基本上等于电动机的额定功率（或略大于额定功率，不超过 1.1 倍）；

n_T——并联电机的台数；

n_S——同时启动的台数；

η——电动机的效率，通常取 0.85；

$\cos\varphi$——电动机功率因数，通常取 0.75；

P_{CN1}——连续容量，kV·A，$P_{CN1} = kP_M n_T / \eta\cos\varphi$；

K_S——电动机启动电流/电动机额定电流；

I_N——电动机额定电流，A；

k——电流波形的修正系数，PWM 方式时取 1.05 ~ 1；

P_{CN}——变频器容量，$kV \cdot A$；

I_{CN}——变频器额定电流，A。

变频器与电动机组成不同的调速系统时，变频器额定值的计算方法也不同，式（5-4）、式（5-5）适用于单台变频器为单台电动机供电连续运行的情况，式（5-5）是统一的，选择变频器额定值时应同时满足两个算式的关系，尤其变频器电流是一个较关键的量。式（5-6）~式（5-9）适用于 1 台变频器为多台并联电动机供电且各电动机不同时启动的情况，选择变频器额定值，无论电动机加速时间在 1min 以内或以上，都应同时满足容量计算式和电流计算式。

由上可见，在为现场原有电动机选配变频器时，绝不可仅看变频器容量额定值而盲目地选用变频器。要由实际情况进行计算以确定所需变频器额定容量和额定电流，尤其变频器电流是一个较关键的量，要以负载连续运行总电流不超过变频器额定电流作为选择变频器的基本原则。

任务 5.4　变频器在恒功率负载调速中的应用

【任务要点】

（1）恒功率负载中变频器的选型。

（2）恒功率负载的特点。

（3）变频器在带钢卷取机调速控制系统中的应用。

5.4.1　任务描述与分析

5.4.1.1　任务描述

近年来随着国家产业政策的逐步调整，冷轧带材的生产得到飞快的发展。国内外大多数钢铁企业的生产线正在向着高速度、大张力、自动化程度高的方向发展。实际上卷取机是一个集机械、电器、控制、传动为一体的复杂系统。

卷取机是把运行中的带钢卷绕成卷的机械设备。它由电机、减速机、卷筒及底座等组成。按其用途可分为热带钢卷取机和冷带钢卷取机；按结构形式又可分为固定式卷取机和移出式卷取机。

卷筒是卷取机的核心部分，它直接影响卷取机的工作状况及带材的卷取质量。卷筒的结构形式多为手动涨缩式。为了保证带材质量，在卷取过程工艺中，必须要保持带材在卷取时的张力恒定。

图 5-13 为一钢卷卷取系统，卷取张力为 F，卷筒的直径为 D，卷筒的前一单元的带材线速度为 v_1，卷筒的卷取线速度为 v_2。在开始卷过程时，显然应使 $v_2 > v_1$，则带材在卷取时有张力，并逐渐增大；如果控制 $v_2 < v_1$，则卷取过程没有张力，无法保证卷取质量。故为了保证正常卷取，在卷取机构卷取启动初期，一般是控制使 $v_2 > v_1$，此时，钢卷受到拉力而产生弹性变形。根据胡克定律，带材的卷取张力 F 计算如下：

$$F = \frac{\delta E}{L} \int_0^1 (V_1 - V_2) \, dt \tag{5-10}$$

式中　E——钢卷的弹性模量；

　　　δ——钢卷的截面积；

　　　L——卷筒与前一单元之间的距离；

　　　t——卷取机构的建立张力时间。

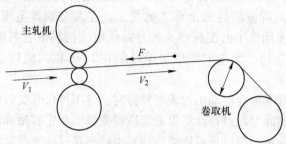

图 5-13　卷取示意图

从式（5-10）可以看出，钢卷作为卷取张力的调节对象时，是一积分环节，所以在刚开始启动过程中。当带材的张力达到工艺所要求的张力给值时，就应该及时调节 V_2，使卷筒的线速度保持稳定，此时，就可以证明带材在给定的张力值下正常卷取。显然在稳定运行中，无论是线速度 V_1 还是卷筒的线速度 V_2 有任何波动，都将引起带材的卷取张力波动。

首先对卷筒的传动电机进行分析，现假定线速度 V_1 是一稳定值（在实际生产中情况也是如此）；设定卷取机构的卷筒的线速度 $V_2 = \pi D n_2$。如卷筒的卷取电机的转速 n_2 恒定不变，则卷绕过程中随着 D 的不断增大，卷筒的线速度 V_2 将正比地增大。由式（5-10）可知，张力 F 将随 D 的上升而线形增长，其卷筒轴上的卷绕力矩 $M_f = FD/2$ 将以更快的速率增加。在实际生产中，这种卷绕特性绝对不允许，所以，在张力建立起来后，应该保持 $v_1 = v_2$，在 v_1 为定值时，则应保持 v_2 不变，就可保证卷取张力的恒定。要保证恒张力卷取，则卷取电机的转速 n_2 随卷径的增加而反比地下降，即 $n_2 = V_2/\pi D$。于是卷绕力矩 M_f 与卷轴的转速 n_2 的乘积等于张力与卷筒线速度的乘积，即 $M_f \times n_2 = F \times V_2/2\pi$，变形得下式：

$$n_2 = \frac{K}{M_f} \tag{5-11}$$

式中，$K = F \times V_2/2\pi$，即 K 是一个定值，这个关系式就称为卷绕机构的卷取特性。

5.4.1.2　任务分析

系统负载为恒功率负载，考虑承受动载荷所引起的冲击力和运行机构工作良好，选取了 Y 系列三相交流异步电动机作为卷取机，其防护等级为 IP44，它既满足控制要求，又具有耗电省、效率高、噪声低等功能，是理想的节能新产品。主轧电机、卷取电机的参数见表 5-5 和表 5-6。

表 5-5　主轧电机参数

型　号	容量/kW	转速/r·min⁻¹	额定电压/V	额定电流/A	级　数
Y225M-4	45	1480	380	84.2	4

表 5-6　卷取电机参数

型　号	容量/kW	转速/r·min⁻¹	额定电压/V	额定电流/A	级　数
Y180M-4	18.5	1470	380	35.9	4

5.4.1.3　变频器的选型

轧机要求卷曲控制系统过载能力强、控制精度高、动态响应快，确保轧制全过程张力控制的稳定性。卷取系统的各种性能主要体现在变频器上，所以变频器的选型直接关系到系统的控制精度。

卷取恒张力控制一般分为开环控制和闭环控制两大类。开环控制就是利用有些电机本身所具有的与卷绕特性相似的软机械特性，直接用这类电机来传动卷绕机构，以获取近似的恒张力控制。卷取恒张力闭环控制又分为直接张力控制、间接张力控制和复合张力控制三种方式。直接张力控制是最直接、最有效的控制方式之一，直接张力控制方式中，设置有张力检测元件，利用张力检测元件的检测信号与给定张力值比较，经张力控制环后去驱动执行机构，控制电机的输出转矩，达到控制张力的目的，这种张力控制方式优点是张力控制精度高，从理论上可以实现零误差控制；缺点是控制精度依赖于张力检测元件的精度，如果现场环境比较恶劣，如酸雾对检测元件的腐蚀，就可能导致张力控制失效。

由于本系统对精度要求较高，所以选取直接张力控制这种办法。直接张力控制是最直接、最有效的控制方式之一，通过实际张力测量的张力计作为张力反馈元件，实现张力的闭环控制，从而建立张力恒定的控制系统（系统图见图 5-14）。

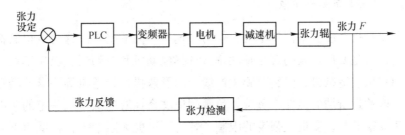

图 5-14　恒张力控制系统图

根据控制要求，本系统主轧机与卷取机均为交流鼠笼式异步电动机，采用台达公司的 VFD185V43A-2 矢量控制变频器控制电动机的拖动，利用 VFD185V43A-2 变频器内部的闭环速度/转矩控制功能来实现卷取机的闭环转矩控制；采用西门子 S7-300PLC 来实现各种电气联锁及逻辑控制，利用 S7-300PLC 的算术运算功能实现转矩的控制。

系统构成示意图如图 5-15 所示，图中 L1、L2 为进线电抗器，主要用于滤波、减小电流脉动、限制电流变化率和抑制短路电流；KM1、KM2 为控制左卷取机和右卷取机的接触器。

台达变频器 VFD-VE 系列产品特色：磁场导向的向量控制，不但可作速度控制且可作为伺服位置控制。具有丰富的多功能 I/O 可灵活应用来弹性设定，而且提供 Windows Base 的 PC 监控软件可供参数管理与动态监控，对于负载问题提供解决方案。零速输出时具有150% 的保持力矩，同时在位置控制可达到点对点及相对长度的应用功能，适合于高端机械驱动。

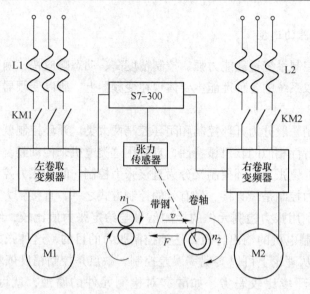

图 5-15　系统结构图

5.4.2　相关知识

5.4.2.1　恒功率负载的特点

恒功率调速是指负载功率保持不变，但对转速有不同的要求。这与电机的额定输出功率和转矩无关，只是要用负载的转矩和功率来选择电动机和变频器。恒功率负载的特点是像机床主轴和轧机、造纸机、塑料薄膜生产线中的卷取机、开卷机等要求的转矩，大体与转速成反比，这就是所谓的恒功率负载。负载的恒功率性质应该是就一定的速度变化范围而言的。当速度很低时，受机械强度的限制，转矩不可能无限增大，在低速下转变为恒转矩性质。恒功率和恒转矩这一话题是来自负载类型的，其中负载类型基本分三种：恒功率、恒转矩和平方转矩负载。其中平方转矩主要是指风机水泵，其转矩与速度的平方成正比，功率与速度的立方成正比。而对于拖动系统，恒转矩系统是指励磁电流保持最大，这样就为可能提供最大负载作出了保证，比如提升机。恒功率系统是指电枢电压电流恒定（即功率恒定），为了提供更高的速度，需要减弱磁场，当然得到了高转速的结果是损失相当部分的转矩，比如卷取机。其实好多场合既要工作在恒功率又要工作在恒转矩情况下，比如卷取机。

5.4.2.2　恒功率调速变频器选用的注意问题

恒功率负载指转矩与转速成反比，但功率保持恒定的负载，如卷取机、机床等。对恒功率特性的负载配用变频器时，应注意的问题：在工频以上频率范围内变频器输出电压为定值控制，所以电动机产生的转矩为恒功率特性，使用标准电动机与通用变频器的组合没有问题。而在工频以下频率范围内为 U/f 定值控制，电动机产生的转矩与负载转矩有相反倾向，标准电动机与通用变频器的组合难以适应，因此要专门设计。

5.4.3　知识拓展——恒功率负载变频器的选择

恒功率负载是指负载转矩的大小与转速成反比,而其功率基本维持不变的负载。各种卷取机械是恒功率负载类型,如造纸机械、薄膜卷取机等。

5.4.3.1　恒功率负载及其特性

A　转矩特点

负载的功率 P_L（单位为 kW）、转矩 T_L（单位为 N·m）与转速 n 之间的关系如下：

$$T_L = 9550 P_L / n_L \tag{5-12}$$

即负载转矩 T_L 的大小与转速 n_L 成反比。

B　功率特点

在不同的转速下,负载的功率基本保持恒定, $P_L =$ 常数,即负载功率的大小与转速的大小无关。

5.4.3.2　变频器的选择

变频器可以选择通用型的,采用 U/f 控制方式的变频器已经够用。但对动态性能和精确度有较高要求的卷取机械,则必须采用有矢量控制功能的变频器。

任务 5.5　变频器在数控机床调速中的应用

【任务要点】

（1）了解数控车床的工艺流程及控制要求;
（2）熟悉 PLC 选型及 I/O 地址分配;
（3）会用 S7-300 设计数控车床的控制程序;
（4）掌握变频器选用和参数设定。

5.5.1　任务背景及要求

数控机床的技术水平高低及其在金属切削加工机床产量和总拥有量的百分比,是衡量一个国家工业制造整体水平的重要标志之一。数控车床是数控机床的主要品种之一,它在数控机床中占有非常重要的位置,几十年来一直受到世界各国的普遍重视,并得到了迅速的发展。其中主轴运动是数控车床的一个重要内容,其动力约占整台车床动力的 70% ~ 80%,对于提高加工效率,扩大加工材料范围,提升加工质量都有着很重要的作用。基本控制是主轴的正、反转和停止,可自动换挡和无级调速。采用变频器和 PLC 对主轴进行有效的控制是当前数控车床技术改造过程中的重要环节。本任务主要介绍 PLC 和变频器在数控车床主轴驱动控制的应用情况。

5.5.2　相关知识

5.5.2.1　工艺要求

数控车床一般加工回转表面、螺纹等。要求其动作一般是 x、z 向快进、工进、快退。

加工过程中能进行自动、手动、车外圆与车螺纹等转换，并且能进行单步操作。

数控车床应用恒线速功能加工，加工工序如图 5-16 所示，步骤如下：

（1）按启动按钮，切削①号部位，电机正转，转速为 2400r/min，主轴正转。

（2）切削②，电机正转，转速为 1500r/min，主轴正转。

（3）工序③钻孔，电机正转，转速为 2700r/min，主轴正转。

（4）工序④攻丝，电机正转，转速为 600r/min，主轴正转。

（5）工序⑤退出丝锥，电机反转，转速为 1200r/min，主轴反转。

（6）按停止按钮，电机停，主轴停转。

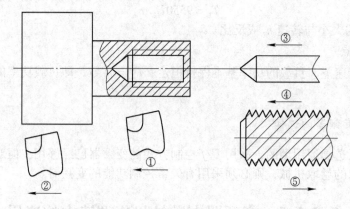

图 5-16　数控车床工件加工图

5.5.2.2　控制要求

控制要求具体如下：

（1）用 PLC 和变频器控制交流电机工作，有交流电机带动数控车床主轴运转，交流电机工作转速变化情况如图 5-17 所示，应能连续运转。

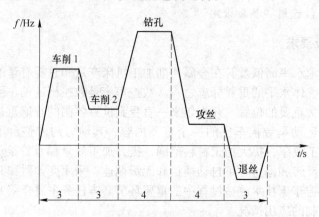

图 5-17　数控车床主轴实现程序控制速度图

（2）主轴电机也可单独选用任一级速度恒速旋转。

（3）主轴电机也可进行正、反点动控制，利于检修或调整，电机转速选用 600r/min。

（4）变频器频率设置估算公式：$f = np/60$。f 为变频器设置频率，n 为电机转速，p 为极对数（设 $p = 1$）。

5.5.2.3 PLC 选型和 I/O 分配

根据输入和输出信号的数量、类型以及控制要求，同时考虑到维护、改造和经济等诸多因素，选用 S7-300 型 PLC 和 FR-A540 型变频器。PLC 的 I/O 地址分配和电路接线如图5-18 所示。

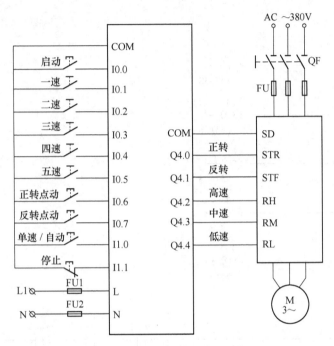

图 5-18　车床主轴控制 PLC 接线图

5.5.2.4 变频器选用和参数设定

在该系统中，选用三菱系列变频器，变频器采用外部端子控制，电机转速的高低通过变频器来设置参数。电机的正反向运行由外围通过变频器的 STR、STF 与 PLC 程序实现控制。

（1）基本参数：pr.7 = 2（加速度），pr.8 = 2（减速度）；pr.9 = 设定电动机的额定电流；

（2）操作模式：pr.79 = 3；

（3）设定各段速度参数；pr.4 = 40Hz（1 段），pr.5 = 35Hz（2 段），pr.6 = 45Hz（3段），pr.24 = 10Hz（4 段），pr.25 = 20Hz（5 段）。

5.5.2.5 PLC 控制梯形图的设计

根据工艺要求和控制要求，设计出 PLC 梯形图如图 5-19 所示。

对于数控车床的主轴电机，使用了 PLC 和变频器控制，具有以下显著优点：可以实现软启动和无级调速，方便进行加减速控制，使电动机获得高性能，大幅度地节约电能，大幅度降低维护费用；可实现高效率的切割和较高的加工精度；实现低速和高速情况下强劲的力矩输出。

OB1: "Main Program Sweep(Cycle)"
Network 1: Title:

Network 2: Title:

Network 3: Title:

Network 4: Title:

Network 5: Title:

Network 6：Title：

```
 M10.0    T2      T3                           M0.1    M0.2    M0.3    M0.5   M10.4
├──┤ ├────┤ ├────┤/├────────────────────────┤/├─────┤/├─────┤/├─────┤/├─────( )──┤
│                                           │
│ I0.4    I1.0    I1.1    I0.6    I0.7       │
├──┤ ├────┤ ├────┤ ├────┤/├─────┤/├──────────┤
│                                           │
│ M10.4                                     │
├──┤ ├──────────────────────────────────────┤
```

Network 7：Title：

```
 M10.0    T3      T4                           M0.1    M0.2    M0.3    M0.4   M10.5
├──┤ ├────┤ ├────┤/├────────────────────────┤/├─────┤/├─────┤/├─────┤/├─────( )──┤
│                                           │
│ I0.5    I1.0    I1.1    I0.6    I0.7       │
├──┤ ├────┤ ├────┤ ├────┤ ├─────┤/├──────────┤
│                                           │
│ M10.5                                     │
├──┤ ├──────────────────────────────────────┤
```

Network 8：Title：

```
 M10.1                Q4.1    Q4.0
├──┤ ├──────────────┬──┤/├─────( )──┤
│                   │
│ M10.2             │
├──┤ ├──────────────┤
│                   │
│ M10.3             │
├──┤ ├──────────────┤
│                   │
│ M10.4             │
├──┤ ├──────────────┘
```

Network 8：Title：

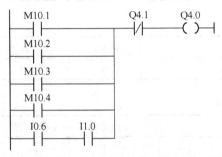

```
 M10.1                Q4.1    Q4.0
├──┤ ├──────────────┬──┤/├─────( )──┤
│                   │
│ M10.2             │
├──┤ ├──────────────┤
│                   │
│ M10.3             │
├──┤ ├──────────────┤
│                   │
│ M10.4             │
├──┤ ├──────────────┤
│                   │
│ I0.6    I1.0      │
├──┤ ├────┤ ├───────┘
```

Network 11：Title：

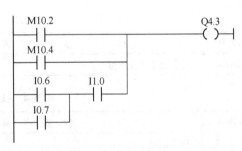

```
 M10.2                          Q4.3
├──┤ ├────────────────────────┬──( )──┤
│                             │
│ M10.4                       │
├──┤ ├────────────────────────┤
│                             │
│ I0.6    I1.0                │
├──┤ ├────┤ ├─────────────────┤
│                             │
│ I0.7                        │
├──┤ ├─────────────────────────┘
```

Network 9：Title：

```
 M10.5                Q4.0    Q4.1
├──┤ ├──────────────┬──┤/├─────( )──┤
│                   │
│ I0.7    I1.0      │
├──┤ ├────┤ ├───────┘
```

Network 12：Title：

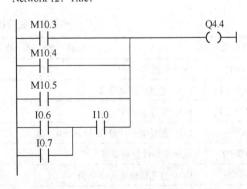

```
 M10.3                          Q4.4
├──┤ ├────────────────────────┬──( )──┤
│                             │
│ M10.4                       │
├──┤ ├────────────────────────┤
│                             │
│ M10.5                       │
├──┤ ├────────────────────────┤
│                             │
│ I0.6    I1.0                │
├──┤ ├────┤ ├─────────────────┤
│                             │
│ I0.7                        │
├──┤ ├─────────────────────────┘
```

Network 10：Title：

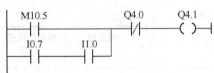

```
 M10.1                          Q4.2
├──┤ ├────────────────────────┬──( )──┤
│                             │
│ M10.5                       │
├──┤ ├─────────────────────────┘
```

图 5-19　主轴控制的 PLC 梯形图

附录 MM440 变频器参数表
（简略形式）

附表 1　常用的参数

参数号	参数名称	缺省值	用户访问级
r0000	驱动装置只读参数的显示值	—	1
P0003	用户的参数访问级	1	1
P0004	参数过滤器	0	1
P0010	调试用的参数过滤器	0	1
P0014 [3]	存储方式	0	3
P0199	设备的系统序号	0	2

附表 2　快速调试

参数号	参数名称	缺省值	用户访问级
P0100	适用于欧洲/北美地区	0	1
P3900	"快速调试"结束	0	1

附表 3　参数复位

参数号	参数名称	缺省值	用户访问级
P0970	复位为工厂设置值	0	1

附表 4　技术应用功能

参数号	参数名称	缺省值	用户访问级
P0500 [3]	技术应用	0	3

附表 5　变频器 （P0004＝2）

参数号	参数名称	缺省值	用户访问级
r0018	硬件的版本	—	1
r0026 [1]	CO：直流回路电压实际值	—	2
r0037 [5]	CO：变频器温度 [℃]	—	3
r0039	CO：能量消耗计量表 [kW·h]	—	2
P0040	能量消耗计量表清零	0	2
r0070	CO：直流回路电压实际值	—	3
r0200	功率组合件的实际标号	—	3
P0201	功率组合件的标号	0	3

参数号	参 数 名 称	缺省值	用户访问级
r0203	变频器的实际型号	—	3
r0204	功率组合件的特征	—	3
P0205	变频器的应用领域	0	3
r0206	变频器的额定功率 [kW]/[hp]	—	2
r0207	变频器的额定电流	—	2
r0208	变频器的额定电压	—	2
r0209	变频器的最大电流	—	2
P0210	电源电压	230	3
r0231 [2]	电缆的最大长度	—	3
P0290	变频器的过载保护	2	3
P0292	变频器的过载报警信号 15	15	3
P1800	脉宽调制频率	4	2
r1801	CO：脉宽调制的开关频率实际值	—	3
P1802	调制方式	0	3
P1820 [3]	输出相序反向	0	2
P1911	自动测定（识别）的相数	3	2
r1925	自动测定的 IGBT 通态电压	—	2
r1926	自动测定的门控单元死时	—	2

附表 6　电动机数据（P0004 = 3）

参数号	参 数 名 称	缺省值	用户访问级
r0035 [3]	CO：电动机温度实际值	—	2
P0300 [3]	选择电动机类型	1	2
P0304 [3]	电动机额定电压	230	1
P0305 [3]	电动机额定电流	3.25	1
P0307 [3]	电动机额定功率	0.75	1
P0308 [3]	电动机额定功率因数	0.000	2
P0309 [3]	电动机额定效率	0.0	2
P0310 [3]	电动机额定频率	50.00	1
P0311 [3]	电动机额定速度	0	1
r0313 [3]	电动机的极对数	—	3
P0320 [3]	电动机的磁化电流	0.0	3
r0330 [3]	电动机的额定滑差	—	3
r0331 [3]	电动机的额定磁化电流	—	3
r0332 [3]	电动机额定功率因数	—	3
r0333 [3]	电动机额定转矩	—	3
P0335 [3]	电动机的冷却方式	0	2
P0340 [3]	电动机参数的计算	0	2

参数号	参　数　名　称	缺省值	用户访问级
P0341 [3]	电动机的转动惯量	0.00180	3
P0342 [3]	总惯量/电动机惯量的比值	1.000	3
P0344 [3]	电动机的质量	9.4	3
r0345 [3]	电动机启动时间	—	3
P0346 [3]	磁化时间	1.000	3
P0347 [3]	祛磁时间	1.000	3
P0350 [3]	定子电阻（线间）	4.0	2
P0352 [3]	电缆电阻	0.0	3
r0384 [3]	转子时间常数	—	3
r0395	CO：定子总电阻 [%]	—	3
r0396	CO：转子电阻实际值	—	3
P0601 [3]	电动机的温度传感器	0	2
P0604 [3]	电动机温度保护动作的门限值	130.0	2
P0610 [3]	电动机 $I2t$ 温度保护	2	3
P0625 [3]	电动机运行的环境温度	20.0	3
P0640 [3]	电动机的过载因子 [%]	150.0	2
P1910	选择电动机数据是否自动测定	0	2
r1912 [3]	自动测定的定子电阻	—	2
r1913 [3]	自动测定的转子时间常数	—	2
r1914 [3]	自动测定的总泄漏电感	—	2
r1915 [3]	自动测定的额定定子电感	—	2
r1916 [3]	自动测定的定子电感 1	—	2
r1917 [3]	自动测定的定子电感 2	—	2
r1918 [3]	自动测定的定子电感 3	—	2
r1919 [3]	自动测定的定子电感 4	—	2
r1920 [3]	自动测定的动态泄漏电感	—	2
P1960	速度控制的优化	0	3

附表 7　命令和数字 I/O（P0004 = 7）

参数号	参　数　名　称	缺省值	用户访问级
r0002	驱动装置的状态	—	2
r0019	CO/BO：BOP 控制字	—	3
r0050	CO：激活的命令数据组	—	2
r0051 [2]	CO：激活的驱动数据组	—	2
r0052	CO/BO：激活的状态字 1	—	2
r0053	CO/BO：激活的状态字 2	—	2

续附表 7

参数号	参 数 名 称	缺省值	用户访问级
r0054	CO/BO：激活的控制字 1	—	3
r0055	CO/BO：激活的辅助控制字	—	3
r0403	CO/BO：编码器的状态字	—	2
P0700 [3]	选择命令源	2	1
P0701 [3]	选择数字输入 1 的功能	1	2
P0702 [3]	选择数字输入 2 的功能	12	2
P0703 [3]	选择数字输入 3 的功能	9	2
P0704 [3]	选择数字输入 4 的功能	15	2
P0705 [3]	选择数字输入 5 的功能	15	2
P0706 [3]	选择数字输入 6 的功能	15	2
P0707 [3]	选择数字输入 7 的功能	0	2
P0708 [3]	选择数字输入 8 的功能	0	2
P0719 [3]	选择命令和频率设定值	0	3
r0720	数字输入的数目	—	3
r0722	CO/BO：各个数字输入的状态	—	2
P0724	开关量输入的防颤动时间	3	3
P0725	选择数字输入的 PNP/NPN 接线方式	1	3
r0730	数字输出的数目	—	3
P0731 [3]	BI：选择数字输出 1 的功能	52.3	2
P0732 [3]	BI：选择数字输出 2 的功能	52.7	2
P0733 [3]	BI：选择数字输出 3 的功能	0.0	2
r0747	CO/BO：各个数字输出的状态	—	3
P0748	数字输出反相	0	3
P0800 [3]	BI：下载参数组 0	0.0	3
P0801 [3]	BI：下载参数组 1	0.0	3
P0809 [3]	复制命令数据组	0	2
P0810	BI：CDS 的位 0（本机/远程）	0.0	2
P0811	BI：CDS 的位 1	0.0	2
P0819 [3]	复制驱动装置数据组	0	2
P0820	BI：DDS 位 0	0.0	3
P0821	BI：DDS 位 1	0.0	3
P0840 [3]	BI：ON/OFF1	722.0	3
P0842 [3]	BI：ON/OFF1，反转方向	0.0	3
P0844 [3]	BI：1.OFF2	1.0	3
P0845 [3]	BI：2.OFF2	19.1	3
P0848 [3]	BI：1.OFF3	1.0	3

参数号	参　数　名　称	缺省值	用户访问级
P0849 [3]	BI：2. OFF3	1.0	3
P0852 [3]	BI：脉冲使能	1.0	3
P1020 [3]	BI：固定频率选择，位 0	0.0	3
P1021 [3]	BI：固定频率选择，位 1	0.0	3
P1022 [3]	BI：固定频率选择，位 2	0.0	3
P1023 [3]	BI：固定频率选择，位 3	722.3	3
P1026 [3]	BI：固定频率选择，位 4	722.4	3
P1028 [3]	BI：固定频率选择，位 5	722.5	3
P1035 [3]	BI：使能 MOP（升速命令）	19.13	3
P1036 [3]	BI：使能 MOP（减速命令）	19.14	3
P1055 [3]	BI：使能正向点动	0.0	3
P1056 [3]	BI：使能反向点动	0.0	3
P1074 [3]	BI：禁止辅助设定值	0.0	3
P1110 [3]	BI：禁止负向的频率设定值	0.0	3
P1113 [3]	BI：反向	722.1	3
P1124 [3]	BI：使能斜坡时间	0.0	3
P1140 [3]	BI：RFG 使能	10	3
P1141 [3]	BI：RFG 开始	1.0	3
P1142 [3]	BI：RFG 使能设定值	1.0	3
P1230 [3]	BI：使能直流注入制动	0.0	3
P2103 [3]	BI：1. 故障确认	722.2	3
P2104 [3]	BI：2. 故障确认	0.0	3
P2106 [3]	BI：外部故障	1.0	3
P2220 [3]	BI：固定 PID 设定值选择，位 0	0.0	3
P2221 [3]	BI：固定 PID 设定值选择，位 1	0.0	3
P2222 [3]	BI：固定 PID 设定值选择，位 2	0.0	3
P2223 [3]	BI：固定 PID 设定值选择，位 3	722.3	3
P2226 [3]	BI：固定 PID 设定值选择，位 4	722.4	3
P2228 [3]	BI：固定 PID 设定值选择，位 5	722.5	3
P2235 [3]	BI：使能 PID-MOP（升速命令）	19.13	3
P2236 [3]	BI：使能 PID-MOP（减速命令）	19.14	3

附表 8　模拟 I/O（P0004 = 8）

参数号	参　数　名　称	缺省值	用户访问级
P0295	变频器风机停机断电的延迟时间	0	3
r0750	ADC（模/数转换输入）的数目	—	3
r0752 [2]	ADC 的实际输入 [V] 或 [mA]	—	2
P0753 [2]	ADC 的平滑时间	3	3
r0754 [2]	标定后的 ADC 实际值 [%]	—	2

续附表8

参数号	参　数　名　称	缺省值	用户访问级
r0755 [2]	CO：标定后的 ADC 实际值［4000h］	—	2
P0756 [2]	ADC 的类型	0	2
P0757 [2]	ADC 输入特性标定的 $x1$ 值［V/mA］	0	2
P0758 [2]	ADC 输入特性标定的 $y1$ 值	0.0	2
P0759 [2]	ADC 输入特性标定的 $x2$ 值［V/mA］	10	2
P0760 [2]	ADC 输入特性标定的 $y2$ 值	100.0	2
P0761 [2]	ADC 死区的宽度［V/mA］	0	2
P0762 [2]	信号消失的延迟时间	10	3
r0770	DAC（数/模转换输出）的数目	—	3
P0771 [2]	CI：DAC 输出功能选择	21.0	2
P0773 [2]	DAC 的平滑时间	2	2
r0774 [2]	实际的 DAC 输出值［V］或［mA］	—	2
P0776 [2]	DAC 的型号	0	2
P0777 [2]	DAC 输出特性标定的 $x1$ 值	0.0	2
P0778 [2]	DAC 输出特性标定的 $y1$ 值	0	2
P0779 [2]	DAC 输出特性标定的 $y1$ 值	100.0	2
P0780 [2]	DAC 输出特性标定的 $y2$ 值	20	2
P0781 [2]	DAC 死区的宽度	0	2

附表9　设定值通道和斜坡函数发生器（P0004 = 10）

参数号	参　数　名　称	缺省值	用户访问级
P1000 [3]	选择频率设定值	2	1
P1001 [3]	固定频率 1	0.00	2
P1002 [3]	固定频率 2	5.00	2
P1003 [3]	固定频率 3	10.00	2
P1004 [3]	固定频率 4	15.00	2
P1005 [3]	固定频率 5	20.00	2
P1006 [3]	固定频率 6	25.00	2
P1007 [3]	固定频率 7	30.00	2
P1008 [3]	固定频率 8	35.00	2
P1009 [3]	固定频率 9	40.00	2
P1010 [3]	固定频率 10	45.00	2
P1011 [3]	固定频率 11	50.00	2
P1012 [3]	固定频率 12	55.00	2
P1013 [3]	固定频率 13	60.00	2
P1014 [3]	固定频率 14	65.00	2
P1015 [3]	固定频率 15	65.00	2
P1016	固定频率方式-位 0	1	3
P1017	固定频率方式-位 1	1	3

参数号	参　数　名　称	缺省值	用户访问级
P1018	固定频率方式-位 2	1	3
P1019	固定频率方式-位 3	1	3
r1024	CO：固定频率的实际值	—	3
P1025	固定频率方式-位 4	1	3
P1027	固定频率方式-位 5	1	3
P1031 [3]	存储 MOP 的设定值	0	2
P1032	禁止反转的 MOP 设定值	1	2
P1040 [3]	MOP 的设定值	5.00	2
r1050	CO：MOP 的实际输出频率	—	3
P1058 [3]	正向点动频率	5.00	2
P1059 [3]	反向点动频率	5.00	2
P1060 [3]	点动的斜坡上升时间	10.00	2
P1061 [3]	点动的斜坡下降时间	10.00	2
P1070 [3]	CI：主设定值	755.0	3
P1071 [3]	CI：标定的主设定值	1.0	3
P1075 [3]	CI：辅助设定值	0.0	3
P1076 [3]	CI：标定的辅助设定值	1.0	3
r1078	CO：总的频率设定值	—	3
r1079	CO：选定的频率设定值	—	3
P1080 [3]	最小频率	0.00	1
P1082 [3]	最大频率	50.00	1
P1091 [3]	跳转频率 1	0.00	3
P1092 [3]	跳转频率 2	0.00	3
P1093 [3]	跳转频率 3	0.00	3
P1094 [3]	跳转频率 4	0.00	3
P1101 [3]	跳转频率的带宽	2.00	3
r1114	CO：方向控制后的频率设定值	—	3
r1119	CO：未经斜坡函数发生器的频率设定值	—	3
P1120 [3]	斜坡上升时间	10.00	1
P1121 [3]	斜坡下降时间	10.00	1
P1130 [3]	斜坡上升起始段圆弧时间	0.00	2
P1131 [3]	斜坡上升结束段圆弧时间	0.00	2
P1132 [3]	斜坡下降起始段圆弧时间	0.00	2
P1133 [3]	斜坡下降结束段圆弧时间	0.00	2
P1134 [3]	平滑圆弧的类型	0	2
P1135 [3]	OFF3 斜坡下降时间	5.00	2
r1170	CO：通过斜坡函数发生器后的频率设定值	—	3
P1257 [3]	动态缓冲的频率限制	2.5	3

附表 10　驱动装置的特点（P0004 = 12）

参数号	参 数 名 称	缺省值	用户访问级
P0005 [3]	选择需要显示的参量	21	2
P0006	显示方式	2	3
P0007	背板亮光延迟时间	0	3
P0011	锁定用户定义的参数	0	3
P0012	用户定义的参数解锁	0	3
P0013 [20]	用户定义的参数	0	3
P1200	捕捉再启动	0	2
P1202 [3]	电动机电流：捕捉再启动	100	3
P1203 [3]	搜寻速率：捕捉再启动	100	3
r1205	观察器显示的捕捉再启动状态	—	3
P1210	自动再启动	1	2
P1211	自动再启动的重试次数	3	3
P1215	使能抱闸制动	0	2
P1216	释放抱闸制动的延迟时间	1.0	2
P1217	斜坡下降后的抱闸时间	1.0	2
P1232 [3]	直流注入制动的电流	100	2
P1233 [3]	直流注入制动的持续时间	0	2
P1234 [3]	投入直流注入制动的起始频率	650.00	2
P1236 [3]	复合制动电流	0	2
P1237	动力制动	0	2
P1240 [3]	直流电压控制器的组态	1	3
r1242	CO：最大直流电压的接通电平	—	3
P1243 [3]	最大直流电压的动态因子	100	3
P1245 [3]	动态缓冲器的接通电平	76	3
r1246 [3]	CO：动态缓冲的接通电平	—	3
P1247 [3]	动态缓冲器的动态因子	100	3
P1253 [3]	直流电压控制器的输出限幅	10	3
P1254	直流电压接通电平的自动检测	1	3
P1256 [3]	动态缓冲的反应	0	3

附表 11　电动机的控制（P0004 = 13）

参数号	参 数 名 称	缺省值	用户访问级
r0020	CO：实际的频率设定值	—	3
r0021	CO：实际频率	—	2
r0022	转子实际速度	—	3
r0024	CO：实际输出频率	—	3
r0025	CO：实际输出电压	—	2
r0027	CO：实际输出电流	—	2
r0029	CO：磁通电流	—	3
r0030	CO：转矩电流	—	3

参数号	参　数　名　称	缺省值	用户访问级
r0031	CO：实际转矩	—	2
r0032	CO：实际功率	—	2
r0038	CO：实际功率因数	—	3
r0056	CO/BO：电动机的控制状态	—	3
r0061	CO：转子实际速度	—	2
r0062	CO：频率设定值	—	3
r0063	CO：实际频率	—	3
r0064	CO：频率控制器的输入偏差	—	3
r0065	CO：滑差频率	—	3
r0066	CO：实际输出频率	—	3
r0067	CO：实际的输出电流限值	—	3
r0068	CO：输出电流	—	3
r0071	CO：最大输出电压	—	3
r0072	CO：实际输出电压	—	3
r0075	CO：I_{sd}电流设定值	—	3
r0076	CO：I_{sd}电流实际值	—	3
r0077	CO：I_{sq}电流设定值	—	3
r0078	CO：I_{sq}电流实际值	—	3
r0079	CO：转矩设定值（总值）	—	3
r0086	CO：实际的有效电流	—	3
r0090	CO：转子实际角度	—	2
P0095 [10]	CI：PZD 信号的显示	0.0	3
r0096 [10]	PZD 信号	—	3
r1084	最大频率设定值	—	3
P1300 [3]	控制方式	0	2
P1310 [3]	连续提升	50.0	2
P1311 [3]	加速度提升	0.0	2
P1312 [3]	启动提升	0.0	2
P1316 [3]	提升结束的频率	20.0	3
P1320 [3]	可编程 U/f 特性的频率坐标 1	0.00	3
P1321 [3]	可编程 U/f 特性的电压坐标 1	0.0	3
P1322 [3]	可编程 U/f 特性的频率坐标 2	0.00	3
P1323 [3]	可编程 U/f 特性的电压坐标 2	0.0	3
P1324 [3]	可编程 U/f 特性的频率坐标 3	0.00	3
P1325 [3]	可编程 U/f 特性的电压坐标 3	0.0	3
P1330 [3]	CI：电压设定值	0.0	3

参数号	参 数 名 称	缺省值	用户访问级
P1333〔3〕	FCC 的启动频率	10.0	3
P1335〔3〕	滑差补偿	0.0	2
P1336〔3〕	滑差限值	250	2
r1337	CO：U/f 特性的滑差频率	—	3
P1338〔3〕	U/f 特性谐振阻尼的增益系数	0.00	3
P1340〔3〕	最大电流（I_{max}）控制器的比例增益系数	0.000	3
P1341〔3〕	最大电流（I_{max}）控制器的积分时间	0.300	3
r1343	CO：最大电流（I_{max}）控制器的输出频率	—	3
r1344	CO：最大电流（I_{max}）控制器的输出电压	—	3
P1345〔3〕	最大电流（I_{max}）控制器的比例增益系数	0.250	3
P1346〔3〕	最大电流（I_{max}）控制器的积分时间	0.300	3
P1350〔3〕	电压软启动	0	3
P1400〔3〕	速度控制的组态	1	3
r1407	CO/BO：电动机控制的状态 2	—	3
r1438	CO：控制器的频率设定值	—	3
P1452〔3〕	速度实际值（SLVC）的滤波时间	4	3
P1460〔3〕	速度控制器的增益系数	3.0	2
P1462〔3〕	速度控制器的积分时间	400	2
P1470〔3〕	速度控制器（SLVC）的增益系数	3.0	2
P1472〔3〕	速度控制器（SLVC）的积分时间	400	2
P1477〔3〕	BI：设定速度控制器的积分器	0.0	3
P1478〔3〕	CI：设定速度控制器的积分器	0.0	3
r1482	CO：速度控制器的积分输出	—	3
P1488〔3〕	垂度的输入源	0	3
P1489〔3〕	垂度的标定	0.05	3
r1490	CO：下垂的频率	—	3
P1492〔3〕	使能垂度功能	0	3
P1496〔3〕	标定加速度预控	0.0	3
P1499〔3〕	标定加速度转矩控制	100.0	3
P1500〔3〕	选择转矩设定值	0	2
P1501〔3〕	BI：切换到转矩控制	0.0	3
P1503〔3〕	CI：转矩总设定值	0.0	3
r1508	CO：转矩总设定值	—	2
P1511〔3〕	CI：转矩附加设定值	0.0	3
r1515	CI：转矩附加设定值	—	2
r1518	CO：加速转矩	—	3

参数号	参　数　名　称	缺省值	用户访问级
P1520 [3]	CO：转矩上限	5.13	2
P1521 [3]	CO：转矩下限	−5.13	2
P1522 [3]	CI：转矩上限	1520.0	3
P1523 [3]	CI：转矩下限	1521.0	3
P1525 [3]	标定的转矩下限	100.0	3
r1526	CO：转矩上限值	—	3
r1527	CO：转矩下限值	—	3
P1530 [3]	电动状态功率限值	0.75	2
P1531 [3]	再生状态功率限值	−0.75	2
r1538	CO：转矩上限（总值）	—	2
r1539	CO：转矩下限（总值）	—	2
P1570 [3]	CO：固定的磁通设定值	100.0	2
P1574 [3]	动态电压裕量	10	3
P1580 [3]	效率优化	0	2
P1582 [3]	磁通设定值的平滑时间	15	3
P1596 [3]	弱磁控制器的积分时间	50	3
r1598	CO：磁通设定值（总值）	—	3
P1610 [3]	连续转矩提升（SLVC）	50.0	2
P1611 [3]	加速度转矩提升（SLVC）	0.0	2
P1740	消除振荡的阻尼增益系数	0.000	3
P1750 [3]	电动机模型的控制字	1	3
r1751	电动机模型的状态字	—	3
P1755 [3]	电动机模型（SLVC）的起始频率	5.0	3
P1756 [3]	电动机模型（SLVC）的回线频率	50.0	3
P1758 [3]	过渡到前馈方式的等待时间（T-wait）	1500	3
P1759 [3]	转速自适应的稳定等待时间（T-wait）	100	3
P1764 [3]	转速自适应（SLVC）的 K_p	0.2	3
r1770	CO：速度自适应的比例输出	—	3
r1771	CO：速度自适应的积分输出	—	3
P1780 [3]	R_s/R_r（定子/转子电阻）自适应的控制字	3	3
r1782	R_s 自适应的输出	—	3
r1787	X_m	—	3
P2480 [3]	位置方式	1	3
P2481 [3]	齿轮箱的速比输入	1.00	3
P2482 [3]	齿轮箱的速比输出	1.00	3
P2484 [3]	轴的圈数 =1	1.0	3
P2487 [3]	位置误差微调值	0.00	3
P2488 [3]	最终轴的圈数 =1	1.0	3
r2489	主轴实际转数	—	3

附表 12　通讯（P0004 = 20）

参数号	参　数　名　称	缺省值	用户访问级
P0918	CB（通讯板）地址 3	3	2
P0927	修改参数的途径	15	2
r0964 [5]	微程序（软件）版本数据	—	3
r0965	Profibus profile	—	3
r0967	控制字 1	—	3
r0968	状态字 1	—	3
P0971	从 RAM 到 EEPROM 的传输数据	0	3
P2000 [3]	基准频率	50.00	2
P2001 [3]	基准电压	1000	3
P2002 [3]	基准电流	0.10	3
P2003 [3]	基准转矩	0.75	3
P2009 [2]	USS 标称化	—	3
P2010 [2]	USS 波特率	0	3
P2011 [2]	USS 地址	6	2
P2012 [2]	USS 的长度	0	2
P2013 [2]	USS 的长度	2	3
P2014 [2]	USS 停止发报时间	127	3
r2015 [8]	CO：从 BOP 链接 PZD（USS）	0	3
P2016 [8]	CI：从 PZD 到 BOP 链接（USS）	—	3
r2018 [8]	CO：从 COM 链接 PZD（USS）	52.0	3
P2019 [8]	CI：从 PZD 到 COM 链接（USS）	—	3
r2024 [2]	USS 报文无错误	52.0	3
r2025 [2]	USS 据收报文	—	3
r2026 [2]	USS 字符帧错误	—	3
r2027 [2]	USS 超时错误	—	3
r2028 [2]	USS 奇偶错误	—	3
r2029 [2]	USS 不能识别起始点	—	3
r2030 [2]	USS BCC 错误	—	3
r2031 [2]	USS 长度错误	—	3
r2032	BO：从 BOP 链接控制字 1（USS）	—	3
r2033	BO：从 BOP 链接控制字 2（USS）	—	3
r2036	BO：从 COM 链接控制字 1（USS）	—	3
r2037	BO：从 COM 链接控制字 2（USS）	—	3
P2040	CB 报文停止时间	20	3
P2041 [5]	CB 参数 0	0	3
r2050 [8]	CO：从 CB 至 PZD	—	3
P2051 [8]	CI：从 PZD 至 CB	52.0	3
r2053 [5]	CB 识别	—	3
r2054 [7]	CB 诊断	—	3
r2090	BO：CB 发出的控制字 1	—	3
r2091	BO：CB 发出的控制字 2	—	3

附表 13 报警，警告和监控（P0004 = 21）

参数号	参 数 名 称	缺省值	用户访问级
r0947 [8]	最新的故障码	—	3
r0948 [12]	故障时间	—	3
r0949 [8]	故障数值	—	3
P0952	故障的总数	0	3
P2100 [3]	选择报警号	0	3
P2101 [3]	停车的反冲值	0	3
r2110 [4]	警告信息号	—	2
P2111	警告信息的总数	0	3
r2114 [2]	运行时间计数器	—	3
P2115 [3]	AOP 实时时钟	0	3
P2150 [3]	回线频率 f_hys	3.00	3
P2151 [3]	CI：监控速度设定值	0.0	3
P2152 [3]	CI：监控速度实际值	0.0	3
P2153 [3]	速度滤波器的时间常数	5	2
P2155 [3]	门限频率 f_1	30.00	3
P2156 [3]	门限频率 f_1 的延迟时间	10	3
P2157 [3]	门限频率 f_2	30.00	2
P2158 [3]	门限频率 f_2 的延迟时间	10	2
P2159 [3]	门限频率 f_3	30.00	2
P2160 [3]	门限频率 f_3 的延迟时间	10	2
P2161 [3]	频率设定值的最小门限	3.00	2
P2162 [3]	超速的回线频率	20.00	2
P2163 [3]	输入允许的频率差	3.00	3
P2164 [3]	回线频率差	3.00	3
P2165 [3]	允许频率差的延迟时间	10	2
P2166 [3]	完成斜坡上升的延迟时间	10	2
P2167 [3]	关断频率 f_off	1.00	3
P2168 [3]	延迟时间 T_off	10	3
r2169	CO：实际的滤波频率	—	2
P2170 [3]	门限电流 I_thresh	100.0	3
P2171 [3]	电流延迟时间	10	3
P2172 [3]	直流回路电压门限值	800	3
P2173 [3]	直流回路电压延迟时间	10	3
P2174 [3]	转矩门限值 T_thresh	5.13	2
P2176 [3]	转矩门限的延迟时间	10	2
P2177 [3]	闭锁电动机的延迟时间	10	2

参数号	参　数　名　称	缺省值	用户访问级
P2178〔3〕	电动机停车的延迟时间	10	2
P2179	判定无负载的电流限值	3.0	3
P2180	判定无负载的延迟时间	2000	3
P2181〔3〕	传动皮带故障的检测方式	0	2
P2182〔3〕	传动皮带门限频率 1	5.00	3
P2183〔3〕	传动皮带门限频率 2	30.00	2
P2184〔3〕	传动皮带门限频率 3	50.00	2
P2185〔3〕	转矩上门限值 1	99999.0	2
P2186〔3〕	转矩下门限值 1	0.0	2
P2187〔3〕	转矩上门限值 2	99999.0	2
P2188〔3〕	转矩下门限值 2	0.0	2
P2189〔3〕	转矩上门限值 3	99999.0	2
P2190〔3〕	转矩下门限值 3	0.0	2
P2192〔3〕	传动皮带故障的延迟时间	10	2
r2197	CO/BO：监控字 1	—	2
r2198	CO/BO：监控字 2	—	2

附表 14　PI 控制器 （P0004 = 22）

参数号	参　数　名　称	缺省值	用户访问级
P2200〔3〕	BI：使能 PID 控制器	0.0	2
P2201〔3〕	固定的 PID 设定值 1	0.00	2
P2202〔3〕	固定的 PID 设定值 2	10.00	2
P2203〔3〕	固定的 PID 设定值 3	20.00	2
P2204〔3〕	固定的 PID 设定值 4	30.00	2
P2205〔3〕	固定的 PID 设定值 5	40.00	2
P2206〔3〕	固定的 PID 设定值 6	50.00	2
P2207〔3〕	固定的 PID 设定值 7	60.00	2
P2208〔3〕	固定的 PID 设定值 8	70.00	2
P2209〔3〕	固定的 PID 设定值 9	80.00	2
P2210〔3〕	固定的 PID 设定值 10	90.00	2
P2211〔3〕	固定的 PID 设定值 11	100.00	2
P2212〔3〕	固定的 PID 设定值 12	110.00	2
P2213〔3〕	固定的 PID 设定值 13	120.00	2
P2214〔3〕	固定的 PID 设定值 14	130.00	2
P2215〔3〕	固定的 PID 设定值 15	130.00	2
P2216	固定的 PID 设定值方式-位 0	1	3
P2217	固定的 PID 设定值方式-位 1	1	3
P2218	固定的 PID 设定值方式-位 2	1	3

参数号	参 数 名 称	缺省值	用户访问级
P2219	固定的 PID 设定值方式-位 3	1	3
r2224	CO：实际的固定 PID 设定值	—	2
P2225	固定的 PID 设定值方式-位 4	1	3
P2227	固定的 PID 设定值方式-位 5	1	3
P2231 [3]	PID-MOP 的设定值存储	0	2
P2232	禁止 PID-MOP 的反向设定值	1	2
P2240 [3]	PID-MOP 的设定值	10.00	2
r2250	CO：PID-MOP 的设定值输出	—	2
P2251	PID 方式	0	3
P2253 [3]	CI：PID 设定值	0.0	2
P2254 [3]	CI：PID 微调信号源	0.0	3
P2255	PID 设定值的增益因子	100.00	3
P2256	PID 微调的增益因子	100.00	3
P2257	PID 设定值的斜坡上升时间	1.00	2
P2258	PID 设定值的斜坡下降时间	1.00	2
r2260	CO：实际的 PID 设定值	—	2
P2261	PID 设定值滤波器的时间常数	0.00	3
r2262	CO：经滤波的 PID 设定值	—	3
P2263	PID 控制器的类型	0	3
P2264 [3]	CI：PID 反馈	755.0	2
P2265	PID 反馈信号滤波器的时间常数	0.00	2
r2266	CO：PID 经滤波的反馈	—	2
P2267	PID 反馈的最大值	100.00	3
P2268	PID 反馈的最小值	0.00	3
P2269	PID 的增益系数	100.00	3
P2270	PID 反馈的功能选择器	0	3
P2271	PID 变送器的类型	0	2
r2272	CO：已标定的 PID 反馈信号	—	2
r2273	CO：PID 错误	—	2
P2274	PID 的微分时间	0.000	2
P2280	PID 的比例增益系数	3.000	2
P2285	PID 的积分时间	0.000	2
P2291	PID 输出的上限	100.00	2
P2292	PID 输出的下限	0.00	2
P2293	PID 限定值的斜坡上升/下降时间	1.00	3
r2294	CO：实际的 PID 输出	—	2

参数号	参 数 名 称	缺省值	用户访问级
P2295	PID 输出的增益系数	100.00	3
P2350	使能 PID 自动整定	0	2
P2354	PID 参数自整定延迟时间	240	3
P2355	PID 自动整定的偏差	5.00	3
P2800	使能 FFB	0	3
P2801 ［17］	激活的 FFB	0	3
P2802 ［14］	激活的 FFB	0	3
P2810 ［2］	BI：AND（"与"）1	0.0	3
r2811	BO：AND（"与"）1	—	3
P2812 ［2］	BI：AND（"与"）2	0.0	3
r2813	BO：AND（"与"）2	—	3
P2814 ［2］	BI：AND（"与"）3	0.0	3
r2815	BO：AND（"与"）3	—	3
P2816 ［2］	BI：OR（"或"）1	0.0	3
r2817	BO：OR（"或"）1	—	3
P2818 ［2］	BI：OR（"或"）2	0.0	3
r2819	BO：OR（"或"）2	—	3
P2820 ［2］	BI：OR（"或"）3	0.0	3
r2821	BO：OR（"或"）3	—	3
P2822 ［2］	BI：XOR（"异或"）1	0.0	3
r2823	BO：XOR（"异或"）1	—	3
P2824 ［2］	BI：XOR（"异或"）2	0.0	3
r2825	BO：XOR（"异或"）2	—	3
P2826 ［2］	BI：XOR（"异或"）3	0.0	3
r2827	BO：XOR（"异或"）3	—	3
P2828	BI：NOT（"非"）1	0.0	3
r2829	BO：NOT（"非"）1	—	3
P2830	BI：NOT（"非"）2	100.00	3
r2831	BO：NOT（"非"）2	—	3
P2832	BI：NOT（"非"）3	0.0	3
r2833	BO：NOT（"非"）3	—	3
P2834 ［4］	BI：D-FF 1	0.0	3
r2835	BO：Q D-FF 1	—	3
r2836	BO：NOT-Q D-FF 1	—	3
P2837 ［4］	BI：D-FF 2	0.0	3
r2838	BO：Q D-FF 2	—	3

参数号	参 数 名 称	缺省值	用户访问级
r2839	BO：NOT-Q D-FF 2	—	3
P2840 [2]	BI：RS-FF 1	0.0	3
r2841	BO：Q RS-FF 1	—	3
r2842	BO：NOT-Q RS-FF 1	—	3
P2843 [2]	BI：RS-FF 2	0.0	3
r2844	BO：Q RS-FF 2	—	3
r2845	BO：NOT-Q RS-FF 2	—	3
P2846 [2]	BI：RS-FF 3	0.0	3
r2847	BO：Q RS-FF 3	—	3
r2848	BO：NOT-Q RS-FF 3	—	3
P2849	BI：定时器 1	0.0	3
P2850	定时器 1 的延迟时间	0	3
P2851	定时器 1 的操作方式 0	0	3
r2852	BO：定时器 1	—	3
r2853	BO：定时器 1 无输出	—	3
P2854	BI：定时器 2	0.0	3
P2855	定时器 2 的延迟时间	0	3
P2856	定时器 2 的操作方式	0	3
r2857	BO：定时器 2	—	3
r2858	BO：定时器 2 无输出	—	3
P2859	BI：定时器 3	0.0	3
P2860	定时器 3 的延迟时间	0	3
P2861	定时器 3 的方式	0	3
r2862	BO：定时器 3	—	3
r2863	BO：定时器 3 无输出	—	3
P2864	BI：定时器 4	0.0	3
P2865	定时器 4 的延迟时间	0	3
P2866	定时器 4 的操作方式	0	3
r2867	BO：定时器 4	—	3
r2868	BO：定时器 4 无输出	—	3
P2869 [2]	CI：ADD（"加"）1	755.0	3
r2870	CO：ADD 1	—	3
P2871 [2]	CI：ADD 2	755.0	3
r2872	CO：ADD 2	—	3
P2873 [2]	CI：SUB（"减"）1	755.0	3
r2874	CO：SUB 1	—	3

参数号	参　数　名　称	缺省值	用户访问级
P2875 [2]	CI：SUB 2	755.0	3
r2876	CO：SUB 2	—	3
P2877 [2]	CI：MUL（"乘"）1	755.0	3
r2878	CO：MUL 1	—	3
P2879 [2]	CI：MUL 2	755.0	3
r2880	CO：MUL 2	—	3
P2881 [2]	CI：DIV（"除"）1	755.0	3
r2882	CO：DIV 1	—	3
P2883 [2]	CI：DIV 2	755.0	3
r2884	CO：DIV 2	—	3
P2885 [2]	CI：CMP（"比较"）1	755.0	3
r2886	BO：CMP（"比较"）1	—	3
P2887 [2]	CI：CMP（"比较"）2	755.0	3
r2888	BO：CMP（"比较"）2	—	3
P2889	CO：以［%］值表示的固定设定值 1	0	3
P2890	CO：以［%］值表示的固定设定值 2	0	3

附表 15　编码器

参数号	参　数　名　称	缺省值	用户访问级
P0400 [3]	选择编码器的类型	0	2
P0408 [3]	编码器每转一圈发出的脉冲数	1024	2
P0491 [3]	速度信号丢失时的处理方法	0	2
P0492 [3]	允许的速度偏差	10.00	2
P0494 [3]	速度信号丢失时进行处理的延迟时间	10	2

附表 16　命令数据组（CDS）

参　数　号	参　数　文　本
P0700 [3]	选择命令信号源
P0701 [3]	数字输入 1 的功能
P0702 [3]	数字输入 2 的功能
P0703 [3]	数字输入 3 的功能
P0704 [3]	数字输入 4 的功能
P0705 [3]	数字输入 5 的功能
P0706 [3]	数字输入 6 的功能
P0707 [3]	数字输入 7 的功能
P0708 [3]	数字输入 8 的功能
P0719 [3]	选择命令和频率设定值

参　数　号	参　数　文　本
P0731 [3]	BI：数字输出 1 的功能
P0732 [3]	BI：数字输出 2 的功能
P0733 [3]	BI：数字输出 3 的功能
P0800 [3]	BI：下载参数组 0
P0801 [3]	BI：下载参数组 1
P0840 [3]	BI：ON/OFF1
P0842 [3]	BI：反向 ON/OFF1
P0844 [3]	BI：1. OFF2
P0845 [3]	BI：2. OFF2
P0848 [3]	BI：1. OFF3
P0849 [3]	BI：2. OFF3
P0852 [3]	BI：脉冲使能
P1000 [3]	选择频率设定值
P1020 [3]	BI：固定频率选择位 0
P1021 [3]	BI：固定频率选择位 1
P1022 [3]	BI：固定频率选择位 2
P1023 [3]	BI：固定频率选择位 3
P1026 [3]	BI：固定频率选择位 4
P1028 [3]	BI：固定频率选择位 5
P1035 [3]	BI：使能 MOP（UP-升速命令）
P1036 [3]	BI：使能 MOP（DOWN-降速命令）
P1055 [3]	BI：使能正向点动
P1056 [3]	BI：使能反向点动
P1070 [3]	CI：主设定值
P1071 [3]	CI：经过标定的主设定值
P1074 [3]	BI：禁止附加设定值
P1075 [3]	CI：附加设定值
P1076 [3]	CI：经过标定的附加设定值
P1110 [3]	BI：禁止负向的频率设定值
P1113 [3]	BI：反向
P1124 [3]	BI：使能点动（JOG）斜坡时间
P1140 [3]	BI：使能斜坡函数发生器（RFG）
P1141 [3]	BI：RFG 开始
P1142 [3]	BI：RFG 使能设定值
P1230 [3]	BI：使能直流（DC）制动
P1330 [3]	CI：电压设定值

参　数　号	参　数　文　本
P1477 [3]	BI：转速控制的 Set 积分器
P1478 [3]	CI：转速控制的 Set 积分器数值
P1500 [3]	选择转矩设定值
P1501 [3]	BI：切换到转矩控制
P1503 [3]	CI：转矩设定值
P1511 [3]	CI：附加的转矩设定值
P1522 [3]	CI：转矩的上极限
P1523 [3]	CI：转矩的下极限
P2103 [3]	BI：1. 故障确认（应答）
P2104 [3]	BI：2. 故障确认（应答）
P2106 [3]	BI：外部故障
P2151 [3]	CI：监控的速度设定值
P2152 [3]	CI：监控的速度实际值
P2200 [3]	BI：使能 PID 控制器
P2220 [3]	BI：PID 固定设定值选择位 0
P2221 [3]	BI：PID 固定设定值选择位 1
P2222 [3]	BI：PID 固定设定值选择位 2
P2223 [3]	BI：PID 固定设定值选择位 3
P2226 [3]	BI：PID 固定设定值选择位 4
P2228 [3]	BI：PID 固定设定值选择位 5
P2235 [3]	BI：使能 PID-MOP（UP-升速命令）
P2236 [3]	BI：使能 PID-MOP（DOWN-降速命令）
P2253 [3]	CI：PID 设定值
P2254 [3]	CI：PID 微调源
P2264 [3]	CI：PID 反馈

附表 17　驱动数据组（DDS）

参　数　号	参　数　文　本
P0005 [3]	显示参数选择
r0035 [3]	CO：电动机的实际温度
P0291 [3]	变频器保护的组态
P0300 [3]	选择电动机的类型
P0304 [3]	电动机的额定电压
P0305 [3]	电动机的额定电流
P0307 [3]	电动机的额定功率
P0308 [3]	电动机的额定功率因数（cosPhi）
P0309 [3]	电动机的额定效率
P0310 [3]	电动机的额定频率

参　数　号	参　数　文　本
P0311 [3]	电动机的额定速度
r0313 [3]	电动机的极对数
P0314 [3]	电动机的极对数
P0320 [3]	电动机的磁化电流
r0330 [3]	电动机的额定滑差
r0331 [3]	电动机的额定磁化电流
r0332 [3]	额定功率因数
r0333 [3]	电动机的额定转矩
P0335 [3]	电动机的冷却
P0340 [3]	电动机参数的计算
P0341 [3]	电动机的惯性转矩 $[kg \cdot m^2]$
P0342 [3]	总的/电动机的惯性之比
P0344 [3]	电动机的重量
r0345 [3]	电动机的启动时间
P0346 [3]	磁化时间
P0347 [3]	去磁时间
P0350 [3]	定子电阻（线-线间）
P0352 [3]	电缆电阻
P0354 [3]	转子电阻
P0356 [3]	电阻漏感
P0358 [3]	转子漏感
P0360 [3]	主电感
P0362 [3]	磁化曲线的磁通 1
P0363 [3]	磁化曲线的磁通 2
P0364 [3]	磁化曲线的磁通 3
P0365 [3]	磁化曲线的磁通 4
P0366 [3]	磁化曲线的磁化电流 1
P0367 [3]	磁化曲线的磁化电流 2
P0368 [3]	磁化曲线的磁化电流 3
P0369 [3]	磁化曲线的磁化电流 4
r0370 [3]	定子电阻 [％]
r0372 [3]	电缆电阻 [％]
r0373 [3]	额定的定子电阻 [％]
r0374 [3]	转子电阻 [％]
r0376 [3]	额定的转子电阻 [％]
r0377 [3]	总的漏抗 [％]
r0382 [3]	主电抗 [％]
r0384 [3]	转子时间常数
r0386 [3]	总的漏抗时间常数
P0400 [3]	选择编码器的类型

参　数　号	参　数　文　本
P0408 ［3］	编码器每转一圈发出的脉冲数
P0491 ［3］	速度信号丢失时的处理方法
P0492 ［3］	允许的速度偏差
P0494 ［3］	速度信号丢失时进行处理的延迟时间
P0500 ［3］	技术应用
P0530 ［3］	定位信号的单位
P0531 ［3］	单位的转换
P0601 ［3］	电动机的温度传感器
P0604 ［3］	电动机温控动作的门限值
P0625 ［3］	电动机运行的环境温度
P0626 ［3］	定子铁芯过温
P0627 ［3］	定子绕组过温
P0628 ［3］	转子绕组过温
P0628 ［3］	CO：运行环境的温度
r0631 ［3］	CO：定子铁芯的温度
r0632 ［3］	CO：定子绕组的温度
r0633 ［3］	CO：转子绕组的温度
P0640 ［3］	电动机的过载系数 ［%］
P1001 ［3］	固定频率 1
P1002 ［3］	固定频率 2
P1003 ［3］	固定频率 3
P1004 ［3］	固定频率 4
P1005 ［3］	固定频率 5
P1006 ［3］	固定频率 6
P1007 ［3］	固定频率 7
P1008 ［3］	固定频率 8
P1009 ［3］	固定频率 9
P1010 ［3］	固定频率 10
P1011 ［3］	固定频率 11
P1012 ［3］	固定频率 12
P1013 ［3］	固定频率 13
P1014 ［3］	固定频率 14
P1015 ［3］	固定频率 15
P1031 ［3］	MOP 的设定值存储
P1040 ［3］	MOP 的设定值
P1058 ［3］	正向点动（JOG）频率
P1059 ［3］	反向点动频率
P1060 ［3］	点动斜坡上升时间

参　数　号	参　数　文　本
P1061 [3]	点动斜坡下降时间
P1080 [3]	最小频率
P1082 [3]	最大频率
P1091 [3]	跳转频率 1
P1092 [3]	跳转频率 2
P1093 [3]	跳转频率 3
P1094 [3]	跳转频率 4
P1101 [3]	跳转频率的频带宽度
P1120 [3]	斜坡上升时间
P1121 [3]	斜坡下降时间
P1130 [3]	斜坡上升起始段的平滑圆弧时间
P1131 [3]	斜坡上升结束段的平滑圆弧时间
P1132 [3]	斜坡下降起始段的平滑圆弧时间
P1133 [3]	斜坡下降结束段的平滑圆弧时间
P1134 [3]	圆弧的类型
P1135 [3]	OFF3 停车命令的斜坡下降时间
P1202 [3]	电动机电流：捕捉再启动
P1203 [3]	搜寻速率：捕捉再启动
P1232 [3]	直流制动电流
P1233 [3]	直流制动的持续时间
P1234 [3]	投入直流制动时的频率
P1236 [3]	复合制动电流
P1240 [3]	Vdc 控制器的组态
P1243 [3]	Vdc-max 的动态因子
P1245 [3]	接通动态缓冲的电平
r1246 [3]	动态缓冲的动态因子
P1247 [3]	动态缓冲的动态因子
P1250 [3]	Vdc-控制器的增益系数
P1251 [3]	Vdc-控制器的积分时间
P1252 [3]	Vdc-控制器的微分时间
P1253 [3]	Vdc-控制器的输出限幅
P1256 [3]	动态缓冲的处理
P1257 [3]	动态缓冲的频率限值
P1300 [3]	控制方式
P1310 [3]	连续提升
P1311 [3]	加速度提升
P1312 [3]	启动提升
P1316 [3]	结束"提升"的频率

参　数　号	参　数　文　本
P1320 [3]	可编程的 U/f 特性频率坐标 1
P1321 [3]	可编程的 U/f 特性电压坐标 1
P1322 [3]	可编程的 U/f 特性频率坐标 2
P1323 [3]	可编程的 U/f 特性电压坐标 2
P1324 [3]	可编程的 U/f 特性频率坐标 3
P1325 [3]	可编程的 U/f 特性电压坐标 3
P1333 [3]	开始 FCC（磁通电流控制）的频率
P1335 [3]	滑差补偿
P1336 [3]	滑差限值
P1338 [3]	U/f 谐振阻尼的增益系数
P1340 [3]	Imax 控制器的比例增益
P1341 [3]	Imax 控制器的积分时间
P1345 [3]	Imax 控制器的比例增益
P1346 [3]	Imax 控制器的积分时间
P1350 [3]	电压软启动
P1400 [3]	速度控制的组态
P1442 [3]	对速度实际值的滤波时间
P1452 [3]	对速度实际值的滤波时间（SLVC）
P1460 [3]	速度控制器的增益系数
P1462 [3]	速度控制器的积分时间
P1470 [3]	速度控制器的增益系数（SLVC）
P1472 [3]	速度控制器的积分时间（SLVC）
P1488 [3]	特性下垂度的输入源
P1489 [3]	经过标定的下垂度
P1492 [3]	使能特性下垂功能
P1496 [3]	经过标定的加速度预控
P1499 [3]	经过标定的加速度转矩控制
P1520 [3]	CO：转矩上限
P1521 [3]	CO：转矩下限
P1525 [3]	经过标定的转矩下限
P1530 [3]	电动功率的限制值
P1531 [3]	再生功率的限制值
P1570 [3]	CO：固定值磁通设定值
P1574 [3]	动态电压的裕量
P1580 [3]	效率优化
P1582 [3]	磁通设定值的平滑时间
P1596 [3]	弱磁控制器的积分时间
P1610 [3]	连续转矩提升（SLVC）
P1611 [3]	加速度转矩提升（SLVC）

参 数 号	参 数 文 本
P1654 [3]	I_{sq} 设定值的平滑时间
P1715 [3]	电流控制器的增益系数
P1717 [3]	电流控制器的积分时间
P1750 [3]	电动机模型的控制字
P1755 [3]	起始频率的电动机模型（SLVC）
P1756 [3]	回线频率的电动机模型（SLVC）
P1758 [3]	过渡到前馈方式的等待时间 T（wait）
P1759 [3]	转速对 settle 自适应的等待时间 T（wait）
P1764 [3]	转速自适应的 K_p（SLVC）
P1767 [3]	转速自适应的 T_n（SLVC）
P1780 [3]	R_s/R_r（定子电阻/转子电阻）-自适应的控制字
P1781 [3]	定子电阻自适应的 T_n
P1786 [3]	X_m-自适应的 T_n
P1803 [3]	最大调制
P1820 [3]	输出相序反向
P1909 [3]	电动机数据自动检测的控制字
P2000 [3]	基准频率
P2001 [3]	基准电压
P2002 [3]	基准电流
P2003 [3]	基准转矩
r2004 [3]	基准功率
P2150 [3]	回线频率 $f\_$hys
P2153 [3]	速度滤波器的时间常数
P2155 [3]	门限频率 f_1
P2156 [3]	门限频率 f_1 的延迟时间
P2157 [3]	门限频率 f_2
P2158 [3]	门限频率 f_2 的延迟时间
P2159 [3]	门限频率 f_3
P2160 [3]	门限频率 f_3 的延迟时间
P2161 [3]	门限频率 f_3 的延迟时间
P2162 [3]	超速的回线频率
P2163 [3]	允许偏差的输入频率
P2164 [3]	回线频率偏差
P2165 [3]	延迟时间的允许偏差
P2166 [3]	完成斜坡上升的延迟时间
P2167 [3]	断开频率 $f\_$off
P2168 [3]	$T\_$off 延迟时间
P2170 [3]	门限电流 $I\_$thresh
P2171 [3]	电流延迟时间
P2172 [3]	直流回路电压的阈值

参　数　号	参　数　文　本
P2173 ［3］	直流回路电压的延迟时间
P2174 ［3］	转矩的阈值 T_thresh
P2176 ［3］	转矩阈值的延迟时间
P2177 ［3］	闭锁电动机的延迟时间
P2178 ［3］	电动机失步的延迟时间
P2181 ［3］	传动皮带故障的检测方式
P2182 ［3］	传动皮带故障的阀值频率 1
P2183 ［3］	传动皮带故障的阀值频率 2
P2184 ［3］	传动皮带故障的阀值频率 3
P2185 ［3］	转矩上阈值 1
P2186 ［3］	转矩下阈值 1
P2187 ［3］	转矩上阈值 2
P2188 ［3］	转矩下阈值 2
P2189 ［3］	转矩上阈值 3
P2190 ［3］	转矩下阈值 3
P2192 ［3］	传动皮带故障的延迟时间
P2201 ［3］	PID 固定设定值 1
P2202 ［3］	PID 固定设定值 2
P2203 ［3］	PID 固定设定值 3
P2204 ［3］	PID 固定设定值 4
P2205 ［3］	PID 固定设定值 5
P2206 ［3］	PID 固定设定值 6
P2207 ［3］	PID 固定设定值 7
P2208 ［3］	PID 固定设定值 8
P2209 ［3］	PID 固定设定值 9
P2210 ［3］	PID 固定设定值 10
P2211 ［3］	PID 固定设定值 11
P2212 ［3］	PID 固定设定值 12
P2213 ［3］	PID 固定设定值 13
P2214 ［3］	PID 固定设定值 14
P2215 ［3］	PID 固定设定值 15
P2231 ［3］	PID- MOP 的设定值存储
P2240 ［3］	PID- MOP 的设定值
P2480 ［3］	定位方式
P2481 ［3］	齿轮箱速比输入
P2482 ［3］	齿轮箱速比输出
P2484 ［3］	轴的圈数 =1
P2487 ［3］	定位误差微调值
P2488 ［3］	距离/最终轴的圈数 =1

附表 18　故障信息

故　障	引起故障可能的原因	故障诊断和应采取的措施	反应
F0001 过流	（1）电动机的功率（P0307）与变频器的功率（P0206）不对应； （2）电动机电缆太长； （3）电动机的导线短路； （4）有接地故障	检查以下各项： （1）电动机的功率（P0307）必须与变频器的功率（P0206）相对应； （2）电缆的长度不得超过允许的最大值； （3）电动机的电缆和电动机内部不得有短路或接地故障； （4）输入变频器的电动机参数必须与实际使用的电动参数相对应； （5）输入变频器的定子电阻值（P0350）必须正确无误； （6）电动机的冷却风道必须通畅，电动机不得过载。 >增加斜坡时间 >减少"提升"的数值	Off2
F0002 过电压	（1）禁止直流回路电压控制器（P1240＝0）； （2）直流回路的电压（r0026）超过了跳闸电平（P2172）； （3）由于供电电源电压过高，或者电动机处于生制动方式下引起过电压； （4）斜坡下降过快，或者电动机由大惯量负载带动旋转而处于再生制动状态下	检查以下各项： （1）电源电压（P0210）必须在变频器铭牌规定的范围以内； （2）直流回路电压控制器必须有效（P1240），而且正确地进行了参数化； （3）斜坡下降时间（P1121）必须与负载的惯量相匹配； （4）要求的制动功率必须在规定的限定值以内。 注意： 负载的惯量越大需要的斜坡时间越长，外形尺寸为 FX 和 GX 的变频器应接入制动电阻	Off2
F0003 欠电压	（1）供电电源故障； （2）冲击负载超过了规定的限定值	检查以下各项： （1）电源电压（P0210）必须在变频器铭牌规定的范围以内； （2）检查电源是否短时掉电或有瞬时的电压降低。 使能动态缓冲（P1240＝2）	Off2
F0004 变频器过温	（1）冷却风量不足； （2）环境温度过高	检查以下各项： （1）负载的情况必须与工作/停止周期相适应； （2）变频器运行时冷却风机必须正常运转； （3）调制脉冲的频率必须设定为缺省值； （4）环境温度可能高于变频器的允许值。 故障值： P0949＝1：整流器过温； P0949＝2：运行环境过温； P0949＝3：电子控制箱过温	Off2

故　障	引起故障可能的原因	故障诊断和应采取的措施	反应
F0005 变频器 I2T 过热 保护	（1）变频器过载； （2）工作/间隙周期时间不符合要求； （3）电动机功率（P0307）超过变频器的负载能力（P0206）	检查以下各项： （1）负载的工作/间隙周期时间不得超过指定的允许值； （2）电动机的功率（P0307）必须与变频器的功率（P0206）相匹配	Off2
F0011 电动机过温	电动机过载	检查以下各项： （1）负载的工作/间隙周期必须正确； （2）标称的电动机温度超限值（P0626～P0628）必须正确； （3）电动机温度报警电平（P0604）必须匹配。 如果 P0601 =0 或 1，请检查以下各项： （1）检查电动机的铭牌数据是否正确（如果没有进行快速调试）； （2）正确的等值电路数据可以通过电动机数据自动检测（P1910 =1）来得到； （3）检查电动机的重量是否合理，必要时加以修改； （4）如果用户实际使用的电动机不是西门子生产的标准电动机，可以通过参数 P0626、P0627、P0628 修改标准过温值。 如果 P0601 =2，请检查以下各项： （1）检查 r0035 中显示的温度值是否合理； （2）检查温度传感器是否是 KTY84（不支持其他型号的传感器）	Off1
F0012 变频器温度信号丢失	变频器（散热器）的温度传感器断线		Off2
F0015 电动机温度信号丢失	电动机的温度传感器开路或短路。如果检测到信号已经丢失，温度监控开关便切换为监控电动机的温度模型		Off2
F0020 电源断相	如果三相输入电源电压中的一相丢失，便出现故障，但变频器的脉冲仍然允许输出，变频器仍然可以带负载	检查 I/O 板，它必须完全插入	Off2
F0021 接地故障	如果相电流的总和超过变频器额定电流的5%时将引起这一故障		Off2
F0022 功率组件故障	在下列情况下将引起硬件故障（r0947 =22 和 r0949 =1）： （1）直流回路过流 = IGBT 短路； （2）制动斩波器短路； （3）接地故障； （4）I/O 板插入不正确	检查 I/O 板，它必须完全插入	Off2

故　障	引起故障可能的原因	故障诊断和应采取的措施	反应
F0023 输出故障	输出的一相断线		Off2
F0024 整流器 过温	（1）通风风量不足； （2）冷却风机没有运行； （3）环境温度过高	检查以下各项： （1）变频器运行时冷却风机必须处于运转状态； （2）脉冲频率必须设定为缺省值； （3）环境温度可能高于变频器允许的运行温度	Off2
F0030 冷却风机 故障	风机不再工作	（1）在装有操作面板选件（AOP 或 BOP）时，故障不能被屏蔽； （2）需要安装新风机	Off2
F0035 在重试再 启动后自 动再启动 故障	试图自动再启动的次数超过 P1211 确定的数值		Off2
F0040 自动校准 故障			Off2
F0041 电动机参 数自动检 测故障	电动机参数自动检测故障： 报警值 =0：负载消失； 报警值 =1：进行自动检测时已达到电流限制的电平； 报警值 =2：自动检测得出的定子电阻小于 0.1% 或大于 100%； 报警值 =3：自动检测得出的转子电阻小于 0.1% 或大于 100%； 报警值 =4：自动检测得出的定子电抗小于 50% 或大于 500%； 报警值 =5：自动检测得出的电源电抗小于 50% 或大于 500%； 报警值 =6：自动检测得出的转子时间常数小于 10ms 或大于 5s； 报警值 =7：自动检测得出的总漏抗小于 5% 或大于 50%； 报警值 =8：自动检测得出的定子漏抗小于 25% 或大于 250%； 报警值 =9：自动检测得出的转子漏感小于 25% 或大于 250%； 报警值 =20：自动检测得出的 IGBT 通态电压小于 0.5V 或大于 10V； 报警值 =30：电流控制器达到了电压限制值； 报警值 =40：自动检测得出的数据组自相矛盾，至少有一个自动检测数据错误； 基于电抗 Z_b 的百分值	0：检查电动机是否与变频器正确连接； 1-40：检查电动机参数 P304 ~ P311 是否正确； 检查电动机的接线应该是哪种型式（星形，三角形）	Off2

故　障	引起故障可能的原因	故障诊断和应采取的措施	反应
F0042 速度控制 优化功能 故障	速度控制优化功能（P1960）故障； 故障值 = 0：在规定时间内不能达到稳定速度； 故障值 = 1：读数不合乎逻辑		Off2
F0051 参数 EEPROM 故障	存储不挥发的参数时出现读/写错误	（1）工厂复位并重新参数化； （2）与客户支持部门或维修部门联系	Off2
F0052 功率组件 故障	读取功率组件的参数时出错，或数据非法	与客户支持部门或维修部门联系	Off2
F0053 I/O EEPROM 故障	读取功率组件的参数时出错，或数据非法	（1）检查数据； （2）更换 I/O 模块	Off2
F0054 I/O 板 错误	（1）连接的 I/O 板不对； （2）I/O 板检测不出识别号，检测不到数据	（1）检查数据； （2）更换 I/O 模板	Off2
F0060 Asic 超时	内部通讯故障	（1）如果存在故障，请更换变频器； （2）或与维修部门联系	Off2
F0070 CB 设定 值故障	在通讯报文结束时，不能从 CB（通讯板）接设定值	检查 CB 板和通讯对象	Off2
F0071 USS(BOP- 链接)设定 值故障	在通讯报文结束时，不能从 USS 得到设定值	检查 USS 主站	Off2
F0072 USS(COMM 链接)设定 值故障	在通讯报文结束时，不能从 USS 得到设定值	检查 USS 主站	Off2
F0080 ADC 输入 信号丢失	（1）断线； （2）信号超出限定值		Off2
F0085 外部故障	由端子输入信号触发的外部故障	封锁触发故障的端子输入信号	Off2

故　障	引起故障可能的原因	故障诊断和应采取的措施	反应
F0090 编码器反 馈信号 丢失	从编码器来的信号丢失	（1）检查编码器的安装固定情况，设定 P0400 = 0 并选择 SLVC 控制方式（P1300 =20 或 22）； （2）如果装有编码器，请检查编码器的选型是 否正确（检查参数 P0400 的设定）； （3）检查编码器与变频器之间的接线； （4）检查编码器应无故障（选择 P1300 =0，在一 定速度下运行，检查 r0061 中的编码器反馈信号）； （5）增加编码器反馈信号消失的门限值 （P0492）	Off2
F0101 功率组件 溢出	软件出错或处理器故障	运行自测试程序	Off2
F0221 PID 反馈 信号低于 最小值	PID 反馈信号低于 P2268 设置的最小值	改变 P2268 的设置值，或调整反馈增益系数	Off2
F0222 PID 反馈 信号高于 最大值	PID 反馈信号超过 P2267 设置的最大值	改变 P2267 的设置值，或调整反馈增益系数	Off2
F0450 BIST 测试 故障	故障值： （1）有些功率部件的测试有故障； （2）有些控制板的测试有故障； （3）有些功能测试有故障； （4）上电检测时内部 RAM 有故障	（1）变频器可以运行，但有的功能不能正确 工作； （2）检查硬件，与客户支持部门或维修部门 联系	Off2
F0452 检测出传 动皮带有 故障	负载状态表明传动皮带有故障或机械有故障	检查下列各项： （1）驱动链有无断裂、卡死或堵塞现象。 （2）外接速度传感器（如果采用的话）是否正 确地工作。 检查参数： P2192（与允许偏差相对应的延迟时间）的数 值必须正确无误。 （3）如果采用转矩控制，以下参数的数值必须 正确无误： P2182（频率门限值 $f1$）； P2183（频率门限值 $f2$）； P2184（频率门限值 $f3$）； P2185（转矩上限值 1）； P2186（转矩下限值 1）； P2187（转矩上限值 2）； P2188（转矩下限值 2）； P2189（转矩上限值 3）； P2190（转矩下限值 3）； P2192（与允许偏差对应的延迟时间）	Off2

附表 19　报警信息

故　障	引起故障可能的原因	故障诊断和应采取的措施
A0501 电流限幅	（1）电动机的功率与变频器的功率不匹配； （2）电动机的连接导线太短； （3）接地故障	检查以下各项： （1）电动机的功率（P0307）必须与变频器功率（P0206）相对应； （2）电缆的长度不得超过最大允许值； （3）电动机电缆和电动机内部不得有短路或接地故障； （4）输入变频器的电动机参数必须与实际使用的电动机一致； （5）定子电阻值（P0350）必须正确无误； （6）电动机的冷却风道是否堵塞，电动机是否过载。 ＞增加斜坡上升时间； ＞减少"提升"的数值
A0502 过压限幅	（1）达到了过压限幅值； （2）斜坡下降时如果直流回路控制器无效（P1240＝0）就可能出现这一报警信号	（1）电源电压（P0210）必须在铭牌数据限定的数值以内； （2）禁止直流回路电压控制器（P1240＝0），并正确地进行参数化； （3）斜坡下降时间（P1121）必须与负载的惯性相匹配； （4）要求的制动功率必须在规定的限度以内
A0503 欠压限幅	（1）供电电源故障； （2）供电电源电压（P0210）和与之相应的直流回路电压（r0026）低于规定的限定值（P2172）	（1）电源电压（P0210）必须在铭牌数据限定的数值以内； （2）对于瞬间的掉电或电压下降必须是不敏感的使能动态缓冲（P1240＝2）
A0504 变频器过温	变频器散热器的温度（P0614）超过了报警电平，将使调制脉冲的开关频率降低和/或输出频率降低（取决于（P0610）的参数化）	检查以下各项： （1）环境温度必须在规定的范围内； （2）负载状态和"工作-停止"周期时间必须适当； （3）变频器运行时，风机必须投入运行； （4）脉冲频率（P1800）必须设定为缺省值
A0505 变频器 I2T 过温	如果进行了参数化（P0290），超过报警电平（P0294）时，输出频率和/或脉冲频率将降低	（1）检查"工作-停止"周期的工作时间应在规定范围内； （2）电动机的功率（P0307）必须与变频器的功率相匹配
A0506 变频器的"工作-停止"周期	散热器温度与 IGBT 的结温之差超过了报警的限定值	检查"工作-停止"周期和冲击负载应在规定范围内

故　障	引起故障可能的原因	故障诊断和应采取的措施
A0511 电动机 I2T 过温	(1) 电动机过载； (2) 负载的"工作-停止"周期中，工作时间太长	无论是哪种过温，请检查以下各项： (1) 负载的工作/停机周期必须正确； (2) 电动机的过温参数（P0626～P0628）必须正确； (3) 电动机的温度报警电平（P0604）必须匹配。 如果 P0601 = 0 或 1，请检查以下各项： (1) 铭牌数据是否正确（如果不执行快速调试）； (2) 在进行电动机参数自动检测时（P1910 = 0），等效回路的数据应准确； (3) 电动机的重量（P0344）是否可靠。必要时应进行修改； (4) 如果使用的电动机不是西门子的标准电机，应通过参数 P0626，P0627，P0628 改变过温的标准值。 如果 P0601 = 2，请检查以下各项： (1) r0035 显示的温度值是否可靠； (2) 传感器是否是 KTY 84（不支持其他的传感器）
A0512 电动机温度信号丢失	至电动机温度传感器的信号线断线。如果已检查出信号线断线，温度监控开关应切换到采用电动机的温度模型进行监控	
A520 整流器过温	整流器的散热器温度超出报警值	请检查以下各项： (1) 环境温度必须在允许限值以内； (2) 负载状态和"工作-停止"周期时间必须适当； (3) 变频器运行时，冷却风机必须正常转动
A521 运行环境过温	整流器的散热器温度超出报警值	请检查以下各项； (1) 环境温度必须在允许限值以内； (2) 变频器运行时，冷却风机必须正常转动； (3) 冷却风机的进风口不允许有任何阻塞
A522 I2C 读出超时	运行环境温度超出报警值	
A523 输出故障	输出的一相断线	可以对报警信号加以屏蔽
A0535 制动电阻过热		(1) 增加工作/停止周期 P1237； (2) 增加斜坡下降时间 P1121
A0541 电动机数据自动检测已激活	已选择电动机数据的自动检测（P1910）功能，或检测正在进行	
A0542 速度控制优化激活	已经选择速度控制的优化功能（P1960），或优化正在进行	

故　障	引起故障可能的原因	故障诊断和应采取的措施
A0590 编码器反馈信号丢失的报警	从编码器来的反馈信号丢失，变频器切换到无传感器矢量控制方式运行	停止变频器，然后， （1）检查编码器的安装情况。如果没有安装编码器，应设定 0400 = 0，并选择 SLVC 运行方式（P1300 = 20 或 22）； （2）如果装有编码器，请检查编码器的选型是否正确（检查参数 P0400 的编码器设定）； （3）检查变频器与编码器之间的接线； （4）检查编码器有无故障（选择 P1300 = 0，使变频器在某一固定速度下运行，检查 r0061 的编码器反馈信号）； （5）增加编码器信号丢失的门限值（P0492）
A0600 RTOS 超出正常范围		
A0700 CB 报警 1，详情请参看 CB 手册。	CB（通讯板）特有故障	参看"CB 用户手册"
A0701 CB 报警 2，详情请参看 CB 手册	CB（通讯板）特有故障	参看"CB 用户手册"
A0702 CB 报警 3，详情请参看 CB 手册	CB（通讯板）特有故障	参看"CB 用户手册"
A0703 CB 报警 4，详情请参看 CB 手册	CB（通讯板）特有故障	参看"CB 用户手册"
A0704 CB 报警 5，详情请参看 CB 手册	CB（通讯板）特有故障	参看"CB 用户手册"
A0705 CB 报警 6，详情请参看 CB 手册	CB（通讯板）特有故障	参看"CB 用户手册"
A0706 CB 报警 7，详情请参看 CB 手册	CB（通讯板）特有故障	参看"CB 用户手册"

故　　障	引起故障可能的原因	故障诊断和应采取的措施
A0707 CB 报警 8，详情请参看 CB 手册	CB（通讯板）特有故障	参看"CB 用户手册"
A0708 CB 报警 9，详情请参看 CB 手册	CB（通讯板）特有故障	参看"CB 用户手册"
A0709 CB 报警 10，详情请参看 CB 手册	CB（通讯板）特有故障	参看"CB 用户手册"
A0710 CB 通讯错误	变频器与 CB（通讯板）通讯中断	检查 CB 硬件
A0711 CB 组态错误	CB（通讯板）报告有组态错误	检查 CB 硬件
A0910 直流回路最大电压 $V_{dc\text{-}max}$ 控制器未激活	直流回路最大电压 $V_{dc\text{-}max}$ 控制器未激活，因为控制器不能把直流回路电压（r0026）保持在（P2172）规定的范围内： （1）如果电源电压（P0210）一直太高，就可能出现这一报警信号； （2）如果电动机由负载带动旋转，使电动机处于再生制动方式下运行，就可能出现这一报警信号； （3）在斜坡下降时，如果负载的惯量特别大，就可能出现这一报警信号	检查以下各项： （1）输入电源电压（P0756）必须在允许范围内； （2）负载必须匹配
A0911 直流回路最大电压 $V_{dc\text{-}max}$ 控制器已激活	直流回路最大电压 $V_{dc\text{-}max}$ 控制器已激活；因此，斜坡下降时间将自动增加，从而自动将直流回路电压（r0026）保持在限定值（P2172）以内	
A0912 直流回路最小电压 $V_{dc\text{-}min}$ 控制器已激活	如果直流回路电压（r0026）降低到最低允许电压（P2172）以下，直流回路最小电压 $V_{dc\text{-}min}$ 控制器将被激活： （1）电动机的动能受到直流回路电压缓冲作用的吸收，从而使驱动装置减速； （2）短时的掉电并不一定会导致欠电压跳闸	
A0920 ADC 参数设定不正确	ADC 的参数不应设定为相同的值，因为，这样将产生不合乎逻辑的结果： （1）标记 0：参数设定为输出相同； （2）标记 1：参数设定为输入相同； （3）标记 2：参数设定输入不符合 ADC 的类型	

故　障	引起故障可能的原因	故障诊断和应采取的措施
A0921 DAC 参数设定 不正确	DAC 的参数不应设定为相同的值，因为，这样将产生不合乎逻辑的结果： （1）标记 0：参数设定为输出相同； （2）标记 1：参数设定为输入相同； （3）标记 2：参数设定输出不符合 DAC 的类型	
A0922 变频器没有 负载	（1）变频器没有负载； （2）有些功能不能像正常负载情况下那样工作	
A0923 同时请求正向 和反向点动	已有向前点动和向后点动 2（P1055/P1056）的请求信号。将使 RFG 的输出频率稳定在它的当前值	
A0952 检测到传动皮 带故障	电动机的负载状态表明皮带有故障或机械有故障	检查以下各项： （1）驱动装置的传动系统有无断裂、卡死或堵塞现象； （2）外接的速度传感器（如果采用速度反馈的话）工作应正常。P0409（额定速度下每分钟脉冲数），P2191（回线频率差）和 P2192（与允许偏差相对应的延迟时间）的数值必须正确无误； （3）如果使用转矩控制功能，请检查以下参数的数值必须正确无误：P2182（频率门限值 f1）、P2183（频率门限值 f2）、P2184（频率门限值 f3）、P2185（转矩上限值 1）、P2186（转矩下限值 1）、P2187（转矩上限值 2）、P2188（转矩下限值 2）、P2189（转矩上限值 3）、P2190（转矩下限值 3）和 P2192（与允许偏差相对应的延迟时间）； （4）必要时加润滑

参 考 文 献

[1] 孟晓芳. 西门子系列变频器及其工程应用 [M]. 北京：机械工业出版社，2008.

[2] 韩安荣. 通用变频器及其应用 [M]. 北京：机械工业出版社，2005.

[3] 王廷才. 电力电子技术 [M]. 北京：高等教育出版社，2006.

[4] 黄道鑫. 提钒炼钢 [M]. 北京：冶金工业出版社，2000.

[5] 王占奎，等. 变频调速应用百例 [M]. 北京：科学出版社，1999.

[6] 吴忠智，吴加林. 变频器应用手册 [M]. 北京：机械工业出版社，2002.

[7] 冯垛生. 变频器实用指南 [M]. 北京：人民邮电出版社，2006.

[8] 李自先，周中方，张相胜. 变频器应用维护与修理 [M]. 北京：地震出版社，2005.

[9] 张燕宾. 变频器应用教程 [M]. 北京：机械工业出版社，2009.

[10] 李方圆. 变频器自动化工程实践 [M]. 北京：电子工业出版社，2007.

[11] 金仁才，童有红. 基于矢量控制变频器的卷取机恒张力控制系统设计 [J]. 电工技术，2009，7：21～23.

[12] 丁修塑. 轧制过程自动化 [M]. 北京：冶金工业出版社，2005.

[13] 潘崇勤. 变频器在冷轧卷取机上的应用 [J]. 变频器世界，2005，3.

[14] 浙江天煌科技实业有限公司. DJDK-1 型电力电子技术及电机控制实验装置实验指导书.

[15] 西门子公司. MICROMASTER 440 通用型变频器使用大全. 北京：西门子（中国）有限公司自动化与驱动集团，2003.

[16] 西门子公司. MICROMASTER 440 简明调试指南. 北京：西门子（中国）有限公司自动化与驱动集团，2008.

冶金工业出版社部分图书推荐

书 名	作 者	定价(元)
Micro850 PLC、变频器及触摸屏综合应用技术	姜 磊	49.00
实用电工技术	邓玉娟 祝惠一 徐建亮 李东方	49.00
Python 程序设计基础项目化教程	邱鹏瑞 王 旭	39.00
计算机算法	刘汉英	39.90
SuperMap 城镇土地调查数据库系统教程	陆妍玲 李景文 刘立龙	32.00
自动检测和过程控制（第 5 版）	刘玉长 黄学章 宋彦坡	59.00
智能生产线技术及应用	尹凌鹏 刘俊杰 李雨健	49.00
机械制图	孙如军 李 泽 孙 莉 张维友	49.00
SolidWorks 实用教程 30 例	陈智琴	29.00
机械工程安装与管理——BIM 技术应用	邓祥伟 张德操	39.00
电气控制与 PLC 应用技术	郝 冰 杨 艳 赵国华	49.00
智能控制理论与应用	李鸿儒 尤富强	69.90
Java 程序设计实例教程	毛 弋 夏先玉	48.00
虚拟现实技术及应用	杨 庆 陈 钧	49.90
电机与电气控制技术项目式教程	陈 伟	39.80
电力电子技术项目式教程	张诗淋 杨 悦 李 鹤 赵新亚	49.90
电子线路 CAD 项目化教程——基于 Altium Designer 20 平台	刘旭飞 刘金亭	59.00
5G 基站建设与维护	龚猷龙 徐栋梁	59.00
自动控制原理及应用项目式教程	汪 勤	39.80
传感器技术与应用项目式教程	牛百齐	59.00
C 语言程序设计	刘 丹 许 晖 孙 嫒	48.00
Windows Server 2012 R2 实训教程	李慧平	49.80
物联网技术与应用——智慧农业项目实训指导	马洪凯 白儒春	49.90
Electrical Control and PLC Application 电气控制与 PLC 应用	王治学	58.00
CNC Machining Technology 数控加工技术	王晓霞	59.00
Mechatronics Innovation & Intelligent Application Technology 　机电创新智能应用技术	李 蕊	59.00
Professional Skill Training of Maintenance Electrician 　维修电工职业技能训练	葛慧杰 陈宝玲	52.00
现代企业管理（第 3 版）	李 鹰 李宗妮	49.00
冶金专业英语（第 3 版）	侯向东	49.00
电弧炉炼钢生产（第 2 版）	董中奇 王 杨 张保玉	49.00
转炉炼钢操作与控制（第 2 版）	李 荣 史学红	58.00
金属塑性变形技术应用	孙 颖 张慧云 郑留伟 赵晓青	49.00
新编金工实习（数字资源版）	韦健毫	36.00
化学分析技术（第 2 版）	乔仙蓉	46.00
金属塑性成形理论（第 2 版）	徐 春 阳 辉 张 弛	49.00
金属压力加工原理（第 2 版）	魏立群	48.00
现代冶金工艺学——有色金属冶金卷	王兆文 谢 锋	68.00